高职高专机电类专业规划教材

电气控制与PLC应用技术
——西门子S7-1200

辛顺强　　陈　亮　　主编

兰　嵩　　主审

化学工业出版社

·北京·

内容简介

本书按照项目导向、任务驱动的模式编写，突出 PLC 的实际应用，重点介绍 S7-1200 的工作原理和应用技术。全书包括继电器-接触器装置的控制原理和控制特点、PLC 控制原理和特点、PLC 编程元件和基本逻辑指令应用、PLC 步进顺控指令应用、PLC 运动控制、PLC 通信功能模块应用、PLC 的工程应用实例等内容。

本书适合作为大中专院校的学生、各企业和设计院所的电气或自动化工程技术人员阅读。

图书在版编目（CIP）数据

电气控制与 PLC 应用技术：西门子 S7-1200/辛顺强，陈亮主编 . —北京：化学工业出版社，2021.8（2024.2 重印）

高职高专机电类专业规划教材

ISBN 978-7-122-39463-7

Ⅰ. ①电… Ⅱ. ①辛…②陈… Ⅲ. ①电气控制-高等职业教育-教材②PLC 技术-高等职业教育-教材 Ⅳ. ①TM571.2②TM571.6

中国版本图书馆 CIP 数据核字（2021）第 130717 号

责任编辑：廉　静　　　　　　　　　　　装帧设计：王晓宇
责任校对：刘　颖

出版发行：化学工业出版社（北京市东城区青年湖南街 13 号　邮政编码 100011）
印　　装：河北鑫兆源印刷有限公司
787mm×1092mm　1/16　印张 12½　字数 314 千字　　2024 年 2 月北京第 1 版第 5 次印刷

购书咨询：010-64518888　　　　　　　　售后服务：010-64518899
网　　址：http://www.cip.com.cn
凡购买本书，如有缺损质量问题，本社销售中心负责调换。

定　　价：48.00 元

前言
PREFACE

随着计算机技术和电子通信技术的不断进步，PLC 技术也得到了快速的发展，被广泛应用在工业自动化领域，在我国的工业现代化中发挥着重要的作用。

"电气控制与 PLC"是高职院校电气自动化技术、机电一体化技术、工业机器人技术、智能控制技术等专业开设的核心课程。该课程实践性强，与生产实际联系密切，将 PLC 与伺服驱动器、变频器、触摸屏融合到一起的技术应用型课程，也是培养高职院校学生自动化工程实践能力和创新能力的一门重要课程。

本书从电气控制技术导入，对 S7-1200 的硬件结构与硬件组态、编程软件的安装和使用、编程语言、指令、程序结构、各种通信网络和通信服务的组态与编程方法、故障诊断等都做了全面深入的介绍。同时还介绍了作者总结的设计数字量控制梯形图的一整套易学易用的编程方法。

本书内容丰富、结构紧凑、图文并茂、通俗易懂，符合认识规律。通过素质拓展阅读，将专业知识和思政元素进行融合，让学生在专业知识的学习过程中增强民族自豪感和家国情怀，树立正确的价值观，培养学生的工匠和创新精神，实现全面育人的目标。为方便教学，配套丰富的数字资源。基于二维码链接，满足移动学习、泛在学习等需求。

本书由"福建省辛顺强技能大师工作室""三明市劳模和工匠人才创新工作室"组织编写，本书由辛顺强、陈亮担任主编。辛顺强高级技师完成全书的选例、设计和统稿工作；辛顺强完成项目一到项目五的编写工作；工作室陈亮完成项目六中任务十八和任务十九的编写工作；工作室黄剑文完成项目六中任务二十的编写工作；工作室兰嵩完成全书审稿工作。本书在编写过程中参考了一些同类教材，在此，对这些教材的作者表示衷心感谢。

因作者水平有限，书中难免有疏漏之处，恳请读者批评指正。

编者

2021 年 6 月

目录
CONTENTS

项目一

三相异步电动机的继电器-接触器控制

◉ 能力目标

- ◙ 能根据控制要求，选配合适型号的低压电器。
- ◙ 能根据控制要求，熟练画出典型控制电路原理图，并进行装配。
- ◙ 掌握常用控制电路的安装、调试及维修方法。
- ◙ 能熟练运用所学知识读懂电气图纸。

◉ 知识目标

- ◙ 熟悉常用低压电器的结构、工作原理、型号规格、符号、使用方法及其在控制电路中的作用。
- ◙ 掌握电气控制电路国家统一的绘图原则和标准。
- ◙ 掌握电动机基本控制电路的工作原理及安装接线方法。

任务一
三相异步电动机点动与自锁控制

 任务导入

图 1-1 所示为三相异步电动机的手动控制电路。当合上刀开关 QS1 时，电动机运行；当断开刀开关时，电动机停止运行。此电路虽然比较简单，但刀开关不宜带负载操作。因此，在启动、停车频繁的场合，使用这种手动控制方法既不方便，也不安全，操作起来劳动强度大，并且不能进行远距离自动控制。那么，采用什么元器件才能实现自动控制呢？这就需要采用按钮和接触器来控制电动机的启动或停止。刀开关在电路中仅起隔离电源的作用。

　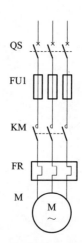

(a) 电动机手动控制电路接线图　　　　　　　(b) 电动机手动控制电路原理图

图 1-1　电动机手动控制电路接线与原理图

 知识学习

安全教育　　常用低压
电器概述

一、常用低压电器概述

电动机拖动生产机械运行，就需要一套控制装置，即各类电器，用以实现各种工艺要求。电器就是控制电的器具，即凡是用来分、合电路，能够实现对电路或非电路对象切换、控制、保护、检测、变换和调节目的的元件称为电器。

电器按其工作电压等级可分为高压电器和低压电器。低压电器通常指工作于交流频率 50Hz 或 60Hz，交流电压 1200V 及以下或直流电压 1500V 及以下电路中的电器；高压电器是指工作于交流电压 1200V 及以上或直流电压 1500V 及以上电路中的电器。

低压电器的作用是对供、用电系统进行控制、保护和调节。它一般由感受部件和执行部件组成。在自动切换电器中，感受部件大多由电磁机构组成；在手动电器中，感受部件通常为操作手柄、按钮等。执行部件是根据指令，执行电路的接通、切断等任务，如触点和灭弧系统。对于自动开关类的低压电器，通常还有中间（传递）部分，它的任务是把感受部件和执行部件两部分连接起来，使它们协调一致，按一定的规律动作。

根据功能，可将低压电器分为低压配电电器、低压主令电器、低压控制电器、低压保护电器、低压执行电器和低压信号电器。其中，低压配电电器主要用于低压配电系统和动力回路，它具有工作可靠、热稳定性和动力稳定性好、能承受一定电动力作用等优点，常用低压配电电器包括刀开关、隔离开关和低压断路器等；低压主令电器用于控制系统中发出指令，如按钮、开关等；低压控制电器主要用于控制电器设备动作，包括交流接触器、中间继电器、速度继电器和时间继电器等；低压保护电器主要用于保护电路的正常工作，包括热继电器、电流继电器和电压继电器等；低压执行电器主要用于执行控制任务，包括电动机、电磁炉、电磁铁和电磁阀等；低压信号电器用于产生指示信号，表明控制系统或电器设备的状态，包括指示灯、蜂鸣器等。

二、刀开关

刀开关是一种结构简单，应用十分广泛的手动电器，主要供无负载通断电路使用，即在不分断负载电流或分断时各极两触点间不会出现明显极间电压的条件下接通或分断电路使用。有时也可用来通断较小工作电流，作为照明设备或小容量电动机作不频繁操作的电源开关使用。

1. 刀开关的结构

根据工作条件和用途的不同，刀开关的结构形式也不同（如开启式刀开关、开启式负荷开关、封闭式负荷开关、组合开关等），但工作原理基本相似。刀开关按极数可分为单极、双极、三极和四极刀开关；按切换功能可分为单投和双投刀开关；按有无灭弧罩可分为有、无灭弧罩两大类；按操作方式分为中央手柄式和带杠杆机构操作式等。下面仅介绍开启式的刀开关。

开启式刀开关由手柄、动触刀、静插座、胶链支座、绝缘底板和灭弧罩等组成，一般在额定电压交流 380V、直流 440V，额定电流 1500A 的配电设备中作电源隔离使用，依靠手动实现动触刀插入插座与脱离插座的控制。刀开关外形如图 1-2(a) 所示，刀开关的图形符号和文字符号如图 1-2(b) 所示。

(a) 刀开关外形　　　　(b) 刀开关符号

图 1-2　刀开关外形及符号

刀开关

2. 刀开关的主要技术参数及选用原则

① 极数。单相电一般选用单极或双极，三相电源线选用三极。

② 额定电流。一般应大于所分断电路中的负载最大电流的总和。电动机作为负载时，应考虑其启动电流（为电动机额定电流的 5～7 倍）。

三、熔断器

熔断器在电路中主要起短路保护作用。熔断器的熔体串接于被保护的电路中，在电路发生短路或过载时，熔断器以其自身产生的热量使熔体熔断，从而自动切断电路，实现短路保护或过载保护。熔断器具有结构简单、体积小、重量轻、使用维护方便、价格低廉、分断能力较强以及限流能力良好等优点，因此，在电路中得到了广泛应用。

必须注意，熔断器对过载反应是很不灵敏的，例如，当电气设备发生轻度过载时，熔断器将持续很长时间才熔断，有时甚至不熔断。因此，除在照明电路中外，熔断器一般不宜用作过载保护，主要用作短路保护。

1. 熔断器的结构

熔断器由熔断管（或座）、熔断体以及外加填料等部分组成，其外形如图 1-3 所示。

图 1-3　熔断器外形　　　　　　　　　　　　　　　　　　熔断器

熔断器按结构形式可分为 RC 瓷插式、RL 螺旋式、RM 无填料封闭管式、RT 有填料封闭管式、RS 快速式等类别。熔断器的型号含义和电气符号如图 1-4 所示。

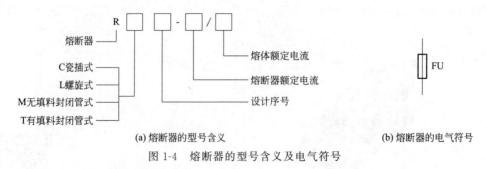

(a) 熔断器的型号含义　　　　　　　　　　　　　　(b) 熔断器的电气符号

图 1-4　熔断器的型号含义及电气符号

2. 熔体额定电流选用原则

① 对电流较为平稳的负载（如照明、信号、热电电路等），熔体额定电流应大于或等于

它的额定电流。

② 对于启动电流较大的电路（如电动机），熔体额定电流的选取原则上应适当增大。单台电动机：熔体额定电流＝(1.5～2.5)×电动机额定电流。

多台电动机：熔体额定电流＝(1.5～2.5)×功率最大的电动机额定电流＋其余电动机额定电流之和。

四、接触器

接触器是利用电磁吸力的作用来自动接通或断开大电流电路的电器，具有控制容量大、过载能力强、寿命长、设备简单经济等特点，是电力拖动控制电路中使用最广泛的电器元件之一。

接触器可以频繁地接通或分断大电流交直流电路，并可实现远距离控制。其主要控制对象是电动机，也可用于电热设备、电焊机以及电容器组等其他负载的控制，它还具有低电压释放保护功能。接触器可分为交流接触器和直流接触器两种，本节仅介绍交流接触器。

1. 交流接触器结构和工作原理

接触器的主要组成部分为电磁系统和触点系统。电磁系统是感测部分，由铁芯、衔铁和吸引线圈构成。触点系统分为主触点和辅助触点两部分。主触点用于通断主电路，工作时，需经常接通和分断额定电流或更大的电流，所以常有电弧产生，为此，一般情况下都装有灭弧装置。只有额定电流很小的接触器可以不设灭弧装置。辅助触点用于控制电路，起电气联锁作用，故又称联锁触点，一般有常开触点、常闭触点各两组。辅助常开、常闭触点一般用来实现电路自锁或提供指示灯控制开关。接触器的外形及电气符号如图1-5所示。

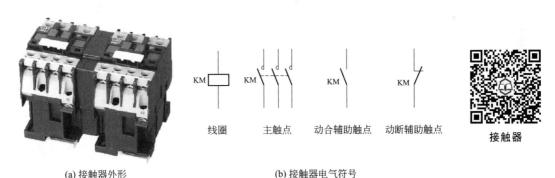

KM 线圈　　KM 主触点　　KM 动合辅助触点　　KM 动断辅助触点

接触器

(a) 接触器外形　　　　　　　　　　(b) 接触器电气符号

图 1-5　接触器外形及电气符号

交流接触器的工作原理是：线圈通电以后，产生的磁场将铁芯磁化，吸引衔铁，克服反作用弹簧的弹力，使它向着静铁芯运动，拖动触点系统运动，使得常开触点闭合，常闭触点断开。一旦电源电压消失或者显著降低，以致电磁线圈没有励磁或励磁不足，衔铁就会因电磁吸力消失或过小而在反作用弹簧的弹力作用下释放，使得动触点与静触点脱离，触点恢复线圈未通电时的状态。

2. 交流接触器的主要参数和选用原则

① 额定电压，额定电压指主触点额定工作电压，该电压应等于负载的额定电压。一只接触器规定几个额定电压，同时列出相应的额定电流或控制功率。通常，最大工作电压即为

额定电压，常用的额定电压值为 220V、380V 及 660V 等。

②额定电流。接触器触点在额定工作条件下的电流值。额定电流一般应大于所分断路中的负载最大电流的总和。电动机作为负载时，应以其启动电流（为电动机额定工作电流的 5～7 倍）来计算。380V 三相电动机控制电路中，额定工作电流可近似等于功率电路中电流的两倍。常用额定电流等级为 5A、10A、20A、40A、60A、100A、150A、250A、400A 及 600A。

③通断能力。通断能力可分为最大接通电流和最大分断电流。最大接通电流是指触点闭合时不会造成触点熔焊的最大电流值；最大分断电流是指触点断开时能可靠灭弧的最大电流。一般通断能力是额定电流的 5～10 倍。当然，这一数值与开断电路的电压等级有关，电压越高，通断能力越小。

④动作值。动作值可分为吸合电压和释放电压。吸合电压是指接触器吸合前，缓慢增加吸合线圈两端的电压，接触器可以吸合时的最小电压。释放电压是指接触器吸合后，缓慢降低吸合线圈的电压，接触器释放时的最大电压。一般规定，吸合电压不低于线圈额定电压的 85%，释放电压不高于线圈额定电压的 70%。

⑤吸引线圈额定电压，接触器正常工作时，吸引线圈上所加的电压值。一般该电压数值以及线圈的匝数、线径等数据均标于线包上，而不是标于接触器外壳铭牌上。

五、按钮

控制按钮是一种结构简单、应用十分广泛的主令电器。在电气自动控制电路中，控制按钮用于手动发出控制信号以控制接触器、继电器、电磁启动器等，其结构和符号如图 1-6 所示。控制按钮的结构种类很多，可分为普通按钮式、蘑菇头式、自锁式、自复位式、旋柄式、带指示灯式、带灯符号式及钥匙式等，有单钮、双钮、三钮及不同组合形式。它一般采用积木式结构，由按钮帽、复位弹簧、桥式触点和外壳等组成。通常做成复合式，有一组常闭触点和一组常开触点。

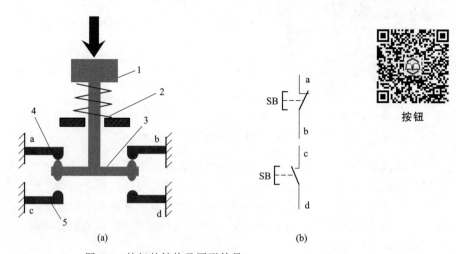

图 1-6　按钮的结构及图形符号

1—按钮帽；2—弹簧；3—动触头；4—常闭触点；5—常开触点

按钮的选用依据主要是根据需要的触点对数、动作要求、是否需要带指示灯、使用场合以及颜色等要求。

任务实施

一、电动机点动控制电路分析

所谓点动控制是指：按下按钮，电动机就得电运转；松开按钮，电动机就失电停转。这种控制方法常用于电动葫芦的起重电机控制和车床拖板箱快速移动的电机控制。点动、单向转动控制线路是用按钮接触器来控制电动机运转的最简单的控制电路，如图 1-7 所示。

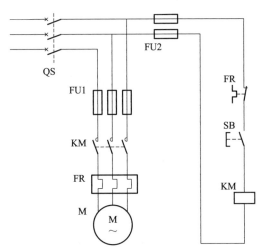

电动机点动控制电路分析

图 1-7 三相异步电动机点动控制电动机

从图中可以看出点动正转控制线路是由转换开关 QS、熔断器 FU、启动按钮 SB、接触器 KM 及电动机 M 组成。其中以转换开关 QS 作电源隔离开关，熔断器 FU 作短路保护，按钮 SB 控制接触器 KM 的线圈得电、失电，接触器 KM 的主触头控制电动机 M 的启动与停止，线路工作原理如下。

当电动机 M 需要点动时，先合上转换开关 QS，此时电动机 M 尚未接通电源。按下启动按钮 SB，接触器 KM 的线圈得电，使衔铁吸合，同时带动接触器 KM 的三对主触头闭合，电动机 M 便接通电源启动运转。当电动机需要停转时，只要松开启动按钮 SB，使接触器 KM 的线圈失电，衔铁在复位弹簧作用下复位，带动接触器 KM 的三对主触头恢复断开，电动机 M 失电停转。

二、电动机自锁控制电路的分析与安装

1. 电路构成

在要求电动机启动能连续运行时，只需要在图 1-7 中的控制线路上串接一个停止按钮，在启动按钮的两端并接一个接触器的常开辅助触头即可。基本的三相异步电动机自锁启动控制电路如图 1-8 所示。

电动机自锁控
制电路分析

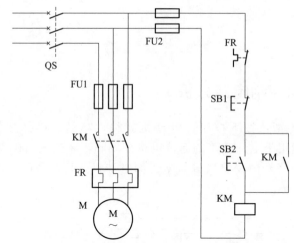

图 1-8　三相异步电动机自锁启动控制电路

　　主电路由电动机 M、热继电器 FR、接触器 KM 的主常开触点、熔断器 FU1 和刀开关 QK 构成。控制电路由停止按钮 SB1、启动按钮 SB2、接触器 KM 的辅助常开触点及它的线圈组成。

2. 工作原理

　　线路的工作原理：先闭合电源开关 QS。

　　启动：按下启动按钮 SB2→KM 线圈通电→KM 动合辅助触头闭合（自锁）、KM 主触头闭合→电动机 M 启动并连续运转。

　　当松开 SB2 时，它恢复到断开位置。由于 SB1 与接触器的一个动合触点是并联的，因此，线圈通电，动合触点继续接通。这种利用接触器本身的动合触点使接触器的线圈保持通电的作用称为自锁。与接钮并联起自锁作用的辅助触点称为自锁触点。

　　停止：按下停止按钮 SB1→KM 线圈失电→KM 自锁触头断开、KM 主触头断开→电动机 M 停转。

　　当松开 SB1，其常闭触头恢复闭合后，因接触器 KM 的自锁触头在切断控制电路时已分断解除了自锁，SB2 也是分断的，所以接触器 KM 不能得电，电动机 M 也不会转动。

3. 保护环节

　　在生产运行中会有很多无法预测的情况出现，为了确保工业生产的安全进行，减少生产事故造成的损失，有必要在电路中设置相应的保护环节。

　　电动机自锁启动控制电路的保护环节包括：熔断器 FU1 对主电路和控制电路实现短路保护；热继电器 FR 对电动机实现过载保护；同时，接触器自锁控制线路不但能使电动机连续运转，而且还有一个重要的特点，就是具有欠压和失压（或零压）保护作用。

 ## 技能训练与成绩评定

1. 技能训练

　　① 在规定时间内按工艺要求完成三相异步电动机单向启动电路的安装、接线，且通电

试验成功。

② 安装工艺达到基本要求、线头长短适当、接触良好。

③ 遵守安全规程，做到文明生产。

团队协作精神

2. 成绩评定

（1）安装、接线（30分）

安装、接线的考核要求及评分标准见表1-1。

表 1-1　安装、接线的考核要求及评分标准

内容	考核要求	评分标准	扣分
接线端	对螺栓式接线端子，连接导线时，并按顺时针旋转；对瓦片式接线端子，连接导线时，直接插入接线端子固定即可	一处错误扣2分	
	严禁损伤线芯和导线绝缘，接点上不能露太多铜丝	一处错误扣2分	
	每个接线端子上连接的导线根数一般以不超过两根为宜，并保证接线牢固	一处错误扣1分	
电路工艺	走线合理，做到横平竖直，整齐，各节点不能松动	一处错误扣1分	
	导线出线应留有一定余量，并做到长度一致	一处错误扣1分	
	导线变换走向要垂直，并做到高低一致或前后一致	一处错误扣1分	
	避免出现交叉线、架空线、缠绕线和叠压线的现象	一处错误扣1分	
	导线折弯应折成直角	一处错误扣1分	
整体布局	板面电路应合理汇集成线束	一处错误扣1分	
	进出线应合理汇集在端子板上	一处错误扣1分	
	整体走线应合理美观	酌情扣分	

（2）不通电测试（20分，每错一处扣5分，扣完为止）

① 主电路测试。使用万用表电阻挡，合上电源开关 QF，压下接触器 KM 衔铁，使 KM 主触点闭合，测量从电源端到电动机出线端子上的每一相电路，将电阻值填入表 1-2 中。

② 控制电路测试。按下 SB2 按钮，测量控制电路两端，将电阻值填入表 1-2 中。压下接触器 KM 衔铁，测量控制电路两端，将电阻值填入表 1-2 中。

表 1-2　三相笼型异步电动机单向启动控制电路的不通电测试记录

电路	主电路			控制电路	
操作步骤	合上 QS，压下 KM 衔铁			按下 SB2	压下 KM 衔铁
电阻值 /Ω	L1-U	L2-V	L3-W		

（3）通电测试（50分）

在使用万用表检测后，接入电源进行通电测试。

按照顺序测试电路各项功能，每错一项扣10分，扣完为止。如果出现某项功能错误，则后面的功能均算错。将测试结果填入表 1-3 中。

表 1-3　三相笼型异步电动机单向启动控制电路的通电测试记录

操作步骤	合上 QS	按下 SB1	按住 SB2	松开 SB2	再次按下 SB1
电动机动作或接触器吸合情况					

 知识拓展　点动与自锁混合控制电路

一、电路结构

图 1-9 所示为电动机点动、长动控制电路（在自锁电路中加入点动控制），其主电路主要由刀开关 QS、熔断器 FU1、接触器主触点 KM、热继电器 FR 的热元件和电动机 M 构成。其控制电路主要由熔断器 FU2、热继电器 FR 的常闭触点、按钮 SB1、SB2、复合按钮 SB3 和接触器 KM 的常开辅助触点组成。

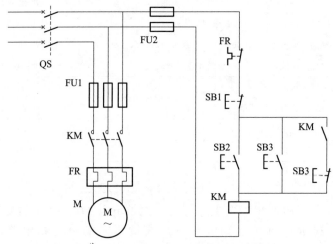

图 1-9　电动机点动、长动控制电路

二、工作原理

在图 1-9 中，SB1 为停止按钮，SB3 为点动按钮，SB2 为长动按钮。合上 QS，接通三相电源，启动准备就绪。

当需要进行点动控制时，按下 SB3，线圈 KM 通电，其主触点闭合，常开辅助触点也闭合，但由于复合按钮 SB3 的常闭触点的断开，无法实现自锁；因此，松开 SB3 时，线圈 KM 失电，从而实现点动控制。点动控制电路可用于机床上的对刀等操作。

按下 SB1，切断控制电路，导致线圈 KM 失电，其主触点和辅助触点复位，从而切断三相电源，电动机停止转动。

当需要进行长动控制时，按下 SB2，线圈 KM 通电，其主触点和常开辅助触点闭合，实现自锁，松开 SB2，电动机还是能够正常转动，实现长动控制。

三、保护环节

该控制电路的保护环节包括：熔断器 FU1 和 FU2 分别对主电路和控制电路实现短路保护；热继电器 FR 对电动机实现过载保护、交流接触器具有欠电压及失电压保护功能。

任务二
三相异步电动机正反转控制电路

 任务导入

正转控制线路只能使电动机朝一个方向旋转，带动生产机械的运动部件朝一个方向运动。但许多生产机械往往要求运动部件能向正反两个方向运动。如机床工作台的前进与后退、万能铣床主轴的正转与反转、起重机的上升与下降等，这些生产机械要求电动机能实现正反转控制。

当改变接入电动机定子绕组的三相电源相序，即把接入电动机三相电源进线中的任意两相对调接线就可以实现反转。

图 2-1 所示为用倒顺开关控制的电动机正反转电路。其工作原理是：当开关手柄置于"顺"挡时，开关内部动触片分别将 L1-U、L2-V、L3-W 相连接，使电动机正转；当开关手柄置于"倒"挡时，开关内部动触片分别将 L1-W、L2-V、L3-U 接通，将接至电动机的三相电源线中的 L1 和 L3 两相对调，使电动机实现反转；当手柄置于"停"挡时，动触片均不与固定触头连接，电动机停止运转。

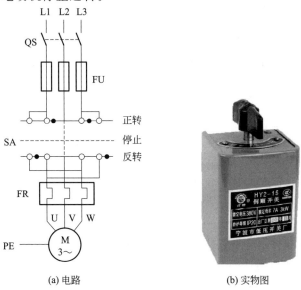

(a) 电路　　　　　　　(b) 实物图

图 2-1　倒顺开关控制的电动机正反转电路

倒顺开关正反转控制电路一般只用于控制额定电流 10A、功率在 3kW 以下的小容量电动机。那么，在生产实践中，对于频繁正反转的电动机采用什么样的控制方法呢？

 知识学习

一、电气原理图

电气原理图

电气图一般有电气原理图、电器元件布置图和电气安装接线图 3 种。其中电气原理图和安装接线图是最常见的形式。

电气原理图用图形和文字符号表示电路中各个电器元件的连接关系和电气工作原理，它并不反映电器元件的实际大小和安装位置。现以 CW6132 型普通车床的电气原理图为例来说明绘制电气原理图应遵循的一些基本原则，如图 2-2 所示。

① 电气原理图一般分为主电路、控制电路和辅助电路 3 个部分。主电路包括从电源到电动机的电路，是大电流通过的部分，画在图的左边，如图 2-2 中的 1、2、3 区所示。控制电路和辅助电路通过的电流相对较小。控制电路一般为继电器、接触器的线圈电路，包括各种主令电器、继电器、接触器的触点，如图 2-2 中的 4、5 区所示。辅助电路一般指照明、信号指示、检测等电路（如图 2-2 中的 6、7 区所示）。各电路均应尽可能按动作顺序由上至下、由左至右画出。

② 电气原理图中所有电器元件的图形符号和文字符号必须符合国家规定的统一标准。在电气原理图中，电器元件采用分离画法，即同一电器的各个部件可以不画在一起，但必须用同一文字符号标注。对于同类电器，应在文字符号后加数字序号以示区别，如图 2-2 中的 FU1～FU4。

③ 在电气原理图中，所有电器的可动部分均按原始状态画出。即对于继电器、接触器的触点，应按其线圈不通电时的状态画出；对于控制器，应按其手柄处于零位时的状态画出；对于按钮、行程开关等主令电器，应按其未受外力作用时的状态画出。

④ 动力电路的电源线应水平画出；主电路应垂直于电源线画出；控制电路和辅助电路应垂直于两条或几条水平电源线之间；耗能元件（如线圈、电磁阀、照明灯、信号灯等）应接在下面一条电源线一侧，而各种控制触点应接在另一条电源线上。

⑤ 应尽量减少线条数量，避免线条交叉。各导线之间有电联系时，应在导线十字交叉处画实心圆点。根据图面布置需要，可以将图形符号旋转绘制，一般按逆时针方向旋转 90°，但其文字符号不可以倒置。

⑥ 在电气原理图上应标出各个电源电路的电压值、极性或频率及相数；对某些元器件还应标注其特性（如电阻、电容的数值等）；不常用的电器（如位置传感器、手动开关等）还要标注其操作方式和功能等。

⑦ 为方便阅图，在电气原理图中可将图幅分成若干个图区，图区行的代号用英文字母表示，一般可省略，列的代号用阿拉伯数字表示，其图区编号写在图的下面，并在图的顶部标明各图区电路的作用。

⑧ 在继电器、接触器线圈下方均列有触点表以说明线圈和触点的从属关系，即"符号位置索引"。也就是在相应线圈的下方，给出触点的图形符号（有时也可省去），对未使用的触点用"×"表明（或不作表明）。

此外，在绘制电气控制线路图中的支路、元件和接点时，一般都要加上标号。主电路标

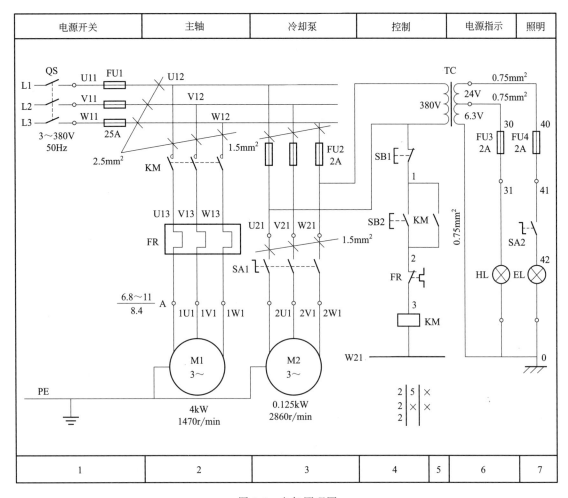

图 2-2　电气原理图

号由文字和数字组成。文字用以标明主电路中的元件或线路的主要特征，数字用以区别电路的不同线段。如三相交流电源引入线端采用 L1、L2、L3 标号，电源开关之后的三相交流电源主电路和负载端分别标 U、V、W。如 U11 表示电动机的第一相的第 1 个接点，依此类推，控制电路的标号由 3 位或 3 位以下的数字组成，并且按照从上到下、从左到右的顺序标号。

二、电器元件布置图

　　电器元件布置图反映各电器元件的实际安装位置，在图中电器元件用实线框表示，而不必按其外形画出；在图中还需要标注出必要的尺寸。电器元件布置图如图 2-3 所示。

电器元件布置图

三、电气安装接线图

　　电气安装接线图反映的是电气设备各控制单元内部元件之间的接线关系。图 2-4 所示为普通车床的电气安装接线图。

电气安装接线图

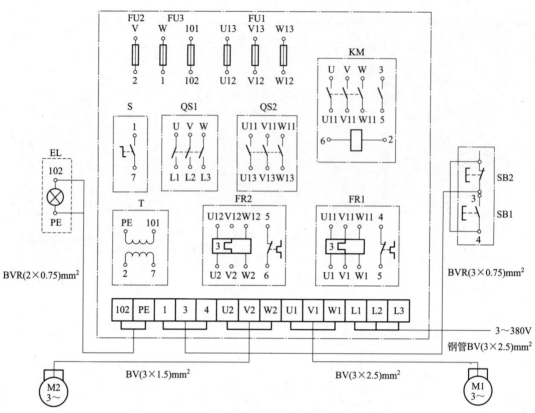

图 2-3 电器元件布置图

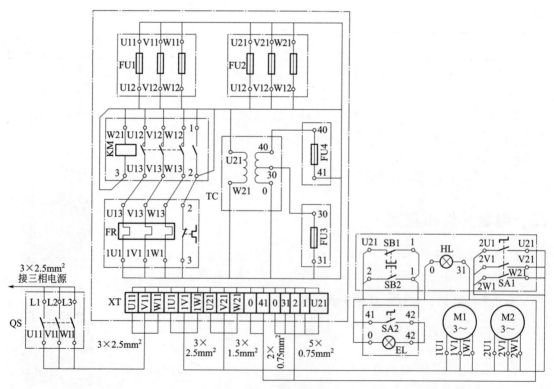

图 2-4 电气安装接线图

任务实施

一、电路分析

图 2-5 所示为两个接触器的电动机正反转控制电路，图中使用了两个分别用于正转和反转的接触器 KM1、KM2，对这个电动机进行电源电压相序的调换。

如图 2-5 所示，按下正转启动按钮 SB2，接触器 KM1 线圈得电并自锁，电动机开始正转；按下反转启动按钮 SB3，接触器 KM2 线圈得电并且电动机正反转控制电路锁，电动机开始反转。但是若同时按下 SB2 和 SB3，则接触器 KM1 和 KM2 线圈同时得电并自锁，它们的主触点都闭合，这时会造成电动机三相电源的相间短路事故，所以该电路不能使用。

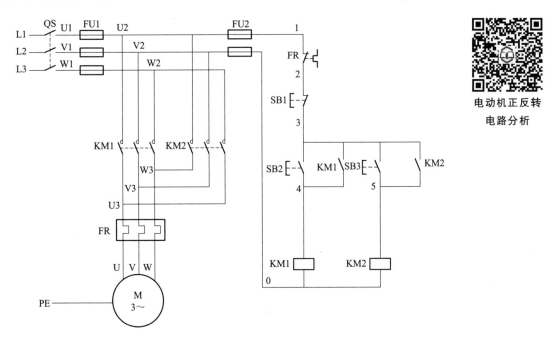

电动机正反转
电路分析

图 2-5　电动机正反转控制电路

为了避免两接触器同时得电而造成电源相间短路，在控制电路中，分别将两个接触器 KM1、KM2 的辅助动断触点串接在对方的线圈回路里，如图 2-6 所示。这样可以形成互相制约的控制，即一个接触器通电时，其辅助动断触点会断开，使另一个接触器的线圈支路不能通电。

在一个接触器得电动作时，通过其辅助动断触点使另一个接触器不能得电动作的作用叫做互锁（也称联锁），而这两对起互锁作用的触点称为互锁触点。

接触器互锁的电动机正反转控制电路的工作原理如下所述。

欲使用该电路改变电动机的转向时，必须先按下停止按钮，使接触器触点复位后才能按下另一个启动按钮使电动机反向运转。

如果需要实现电动机直接由正转到反转的控制，应采用如图 2-7 所示的按钮、接触器双重互锁的正反转控制电路。所谓按钮互锁，就是将复合按钮动合触点作为启动按钮，而将其

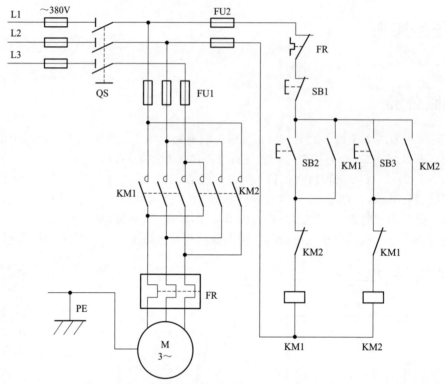

图 2-6　接触器互锁的电动机正反转控制电路

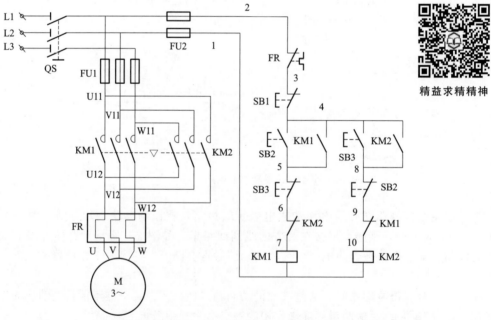

图 2-7　按钮、接触器双重互锁的电动机正反转控制电路

精益求精精神

动断触点作为互锁触点串接在另一个接触器线圈支路中。这样，要使电动机改变转向，只要直接按反转按钮就可以了，而不必先按停止按钮，简化了操作。同时，控制电路中保留了接触器的互锁作用，因此，更加安全可靠。

二、安装和调试

① 按如图 2-7 所示将所需的元器件配齐并绘制安装接线图。

② 按照前面所述的方法进行元器件的安装和配线。

③ 经检查无误后进行通电操作。按下正转按钮 SB2，电动机启动并正转；此时再按反转按钮 SB3，电动机反转；按下停止按钮 SB1，电动机停转。

 技能训练与成绩评定

1. 技能训练

① 在规定时间内按工艺要求完成三相异步电动机正反转控制电路的安装、接线，且通电试验成功。

② 安装工艺达到基本要求，线头长短适当、接触良好。

③ 遵守安全规程，做到文明生产。

2. 成绩评定

（1）安装、接线（30 分）

安装、接线的考核要求及评分标准见表 2-1。

表 2-1　安装、接线的考核要求及评分标准

内容	考核要求	评分标准	扣分
接线端	对螺栓式接线端子,连接导线时,并按顺时针旋转;对瓦片式接线端子,连接导线时,直接插入接线端子固定即可	一处错误扣 2 分	
	严禁损伤线芯和导线绝缘,接点上不能露太多铜丝	一处错误扣 2 分	
	每个接线端子上连接的导线根数一般以不超过两根为宜,并保证接线牢固	一处错误扣 1 分	
电路工艺	走线合理,做到横平竖直,整齐,各节点不能松动	一处错误扣 1 分	
	导线出线应留有一定余量,并做到长度一致	一处错误扣 1 分	
	导线变换走向要垂直,并做到高低一致或前后一致	一处错误扣 1 分	
	避免出现交叉线、架空线、缠绕线和叠压线的现象	一处错误扣 1 分	
	导线折弯应折成直角	一处错误扣 1 分	
整体布局	板面电路应合理汇集成线束	一处错误扣 1 分	
	进出线应合理汇集在端子板上	一处错误扣 1 分	
	整体走线应合理美观	酌情扣分	

（2）不通电测试（20 分，每错一处扣 5 分，扣完为止）

① 主电路测试。使用万用表电阻挡，合上电源开关 QS，压下接触器 KM 衔铁，使 KM 主触点闭合，测量从电源端到电动机出线端子上的每一相电路，将电阻值填入表 2-2 中。

② 控制电路测试。按下 SB2、SB3 按钮，测量控制电路两端，将电阻值填入表 2-2 中。

压下接触器 KM 衔铁，测量控制电路两端，将电阻值填入表 2-2 中。

表 2-2　三相异步电动机正反转控制电路的不通电测试记录

电路	主电路						控制电路			
操作步骤	压下 KM1 衔铁			压下 KM2 衔铁			按下 SB2	按下 SB3	压下 KM1 衔铁	压下 KM2 衔铁
电阻值	L1-U	L2-V	L3-W	L1-U	L2-V	L3-W				

（3）通电测试（50 分）

在使用万用表检测后，接入电源进行通电测试。

按照顺序测试电路各项功能，每错一项扣 10 分，扣完为止。如果出现某项功能错误，则后面的功能均算错。将测试结果填入表 2-3 中。

表 2-3　三相异步电动机正反转控制电路的通电测试记录

操作步骤	合上 QS	按下 SB2	按住 SB1	松开 SB2	按下 SB3	按下 SB1
电动机动作或接触器吸合情况						

 知识拓展　单相交流电动机正反转的控制

单相交流电动机一般有两个绕组：主绕组和副绕组，要想实现反转，只要将任意一个绕组的首尾对调即可。如图 2-8 所示，主电路由接触器 KM1 和 KM2 的主触点实现副绕组 V1-V2 的首尾对调，控制电路与三相电动机正反转控制电路相同。当按下正转按钮 SB2 时，KM1 线圈得电并自锁，其 3 个主触点闭合，火线通过电容 C 接副绕组的尾 V2，零线 N 接副绕组的首 V1，主绕组通过 KM1 的主触点与副绕组并联，此时电动机正转运行；当按下

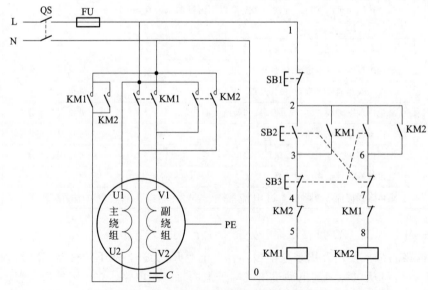

图 2-8　单相交流电动机正反转控制电路

反转按钮 SB3 时，KM2 线圈得电并自锁，其 3 个主触点闭合，火线 L 接副绕组的首 V1，零线 N 通过电容 C 接副绕组的尾 V2，主绕组通过 KM2 的主触点与副绕组并联，此时副绕组首尾进行了对调，电动机反转运行。

任务三
三相异步电动机顺序启动控制电路

 ## 任务导入

在机床控制线路中，经常要求电动机有顺序的启动，如某些机床必须在液压泵工作后，机床的主轴以及进给才能工作。这样可以防止机器过早地磨损；常见的龙门刨床工作台移动时，导轨必须有润滑油，否则巨大沉重的工作台会将导轨的耐磨带划伤，以至于损伤导轨，使机床的精度降低，因此必须使用顺序启动。

那么电动机的顺序启动呢？

 ## 知识学习

低压断路器

一、低压断路器

断路器是低压配电网络和电力拖动系统中的主要电器开关之一，它集控制功能和多种保护功能于一身，当电路中发生短路、欠电压、过载等非正常现象时，能自动切断电路，也可用在不频繁操作的低压配电线路或开关柜（箱）中作为电源开关使用。断路器的优点：操作安全、安装简单方便、工作可靠、分断能力较强，具有多种保护功能，动作值可调，动作后不需要更换元件，因此应用十分广泛。

1. 结构与工作原理

低压断路器主要由触头、灭弧装置、操动机构、保护装置等组成。低压断路器的保护装置由各种脱扣器来实现，其脱扣器形式有过电流脱扣器、热脱扣器、欠电压脱扣器、分励脱扣器等。

低压断路器的外形及结构如图 3-1 所示。低压断路器的主触点依靠操动机构手动或电动合闸，主触点闭合后，自由脱扣机构将主触点锁在合闸位置上。

① 短路（又叫过电流）保护。过电流脱扣器 12 的线圈与被保护电路串联，当电路正常工作时，衔铁 11 不能被电磁铁吸合；当线路中出现短路故障时，衔铁被电磁铁吸合，通过传动机构推动自由脱扣机构释放主触头。主触头在分闸弹簧的作用下分开，切断电路起到短路保护作用。

② 过载保护。热脱扣器 9 与被保护电路串联，出现过载现象时，线路中电流增大，双金属片弯曲，通过传动机构推动自由脱扣机构释放主触头，主触头在分闸弹簧的作用下分

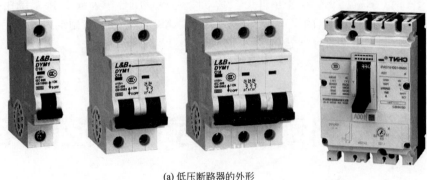

(a) 低压断路器的外形

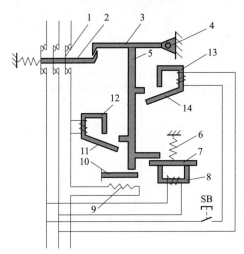

(b) 低压断路器的结构

图 3-1　低压断路器的外形及结构

1—主触点；2,3—自由脱扣机构；4—轴；5—杠杆；6—弹簧；7,11,14—衔铁；
8—欠电压脱扣器；9—热脱扣器；10—双金属片；12—过电流脱扣器；13—分励脱扣器

开，切断电路起到过载保护的作用。

③ 欠电压保护。欠电压脱扣器并联在断路器的电源侧，当电源侧停电或电源电压过低时，衔铁释放，通过传动机构推动自由脱扣机构使断路器掉闸，起到欠电压及零压保护作用。

④ 远距离跳闸控制。分励脱扣器用于远距离操作低压断路器分闸控制，它的电磁线圈并联在低压断路器的电源侧。需要进行分闸操作时，按动常开按钮 SB 使分励脱扣器的电磁铁得电吸动衔铁，通过传动机构推动自由脱扣机构，使低压断路器跳闸。

在一台低压断路器上同时装有两种或两种以上脱扣器时，称这台低压断路器装有复式脱扣器。

低压断路器的型号含义和电气符号如图 3-2 所示。

2. 分类

低压断路器的分类方式很多，其按极数分为单极式、二极式、三极式和四极式；按灭弧介质分为空气式和真空式（目前国产多为空气式）；按操作方式分为手动操作、电动操作和弹簧储能机械操作；按安装方式分为固定式、插入式、抽屉式、嵌入式等；按结构形式分为

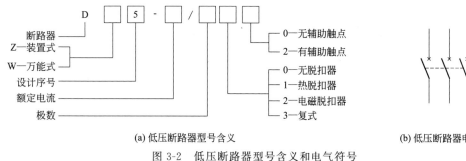

(a) 低压断路器型号含义

(b) 低压断路器电气符号

图 3-2　低压断路器型号含义和电气符号

DW15、DW16、CW 系列万能式（又称框架式）和 DZ5 系列、DZ15 系列、DZ20 系列、DZ25 系列塑壳式低压断路器。低压断路器容量范围很大，最小为 4A，最大可达 5000A。

3. 主要技术参数

（1）额定电压

低压断路器的额定电压是指与通断能力及使用类别相关的电压值。对多相电路而言，是指相间的电压值。

（2）额定电流

① 低压断路器壳架等级额定电流。低压断路器壳架等级额定电流用尺寸和结构相同的框架或塑料外壳中能装入的最大脱扣器额定电流表示。

② 低压断路器额定电流。低压断路器额定电流是指在规定条件下低压断路器可长期通过的电流，又称为脱扣器额定电流。对带可调式脱扣器的低压断路器而言，低压断路器额定电流是可长期通过的最大电流。

③ 额定短路分断能力。额定短路分断能力是指低压断路器在额定频率和功率因数等规定条件下，能够分断的最大短路电流值。

4. 选择

① 低压断路器的额定电压和额定电流应大于或等于被保护线路的正常工作电压和负载电流。

② 热脱扣器的整定电流应等于所控制负载的额定电流。

③ 过电流脱扣器的瞬时脱扣整定电流应大于负载正常工作时可能出现的峰值电流。用于控制电动机的低压断路器，其瞬时脱扣整定电流：

$$I_z = KI_{st}$$

式中，K 为安全系数，可取 $1.5 \sim 1.7$；I_{st} 为电动机的启动电流。

④ 欠电压脱扣器额定电压应等于被保护线路的额定电压。

⑤ 低压断路器的极限分断能力应大于线路的最大短路电流的有效值。

漏电保护器

二、漏电保护器

漏电保护开关（脱扣器）是一种常用的漏电保护装置。它既能控制电路的通与断，又能保证其控制电路或设备发生漏电或接地故障时迅速自动跳闸，进行保护。断路器与漏电保护开关两部分合并起来就构成一个完整的漏电断路器，具有过载、短路、漏电保护功能。

漏电断路器的外形如图 3-3 所示。

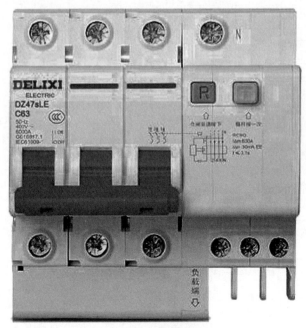

图 3-3　漏电保护器的外形

漏电保护开关按动作方式可分为电压动作型和电流动作型；按动作机构可分为开关式和继电器式；按极数和线数可分为单极二线、二极、二极三线等。

漏电保护开关的选择如下。

① 保护单相线路（设备）时，选用单极二线或二极漏电保护开关。

② 保护三相线路（设备）时，选用三极漏电保护开关。

③ 既有三相又有单相时，选用三极四线或四极漏电保护开关。

行程开关

三、行程开关

依据生产机械的行程发出命令以控制其运行方向或行程长短的主令电器，称为行程开关。若将行程开关安装于生产机械行程终点处，以限制其行程，则称为限位开关或终点开关。行程开关广泛用于各类机床和起重机械中以控制这些机械的行程。

行程开关的种类很多，其主要变化在于传动操作方式和传动头形状的变化。操作方式有瞬动型和蠕动型两种。头部结构有直动、滚轮直动、杠杆、单轮、双轮、滚动摆杆可调式、杠杆可调式以及弹簧杆等。

行程开关的工作原理与控制按钮类似，只是它用运动部件上的撞块来碰撞行程开关的推杆。行程开关的外形和符号如图 3-4 所示。触点结构是双断点直动式，为瞬动型触点，瞬动操作是靠传感头推动推杆达到一定行程后，触桥中心点过死点，以使触点在弹簧的作用下迅速从一个位置跳到另一个位置，完成接触状态转换，使常闭触点断开，常开触点闭合。各种结构的行程开关，只是传感部件的机构方式不同，而触点的动作原理都是类似的。

行程开关在选用时，主要根据机械位置对开关形式的要求和控制电路对触点的数量要求及电流、电压等级来确定其型号。

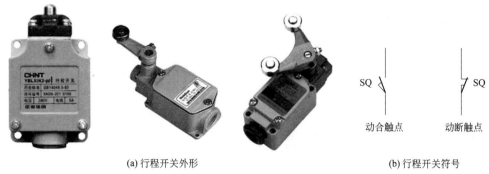

(a) 行程开关外形   (b) 行程开关符号

图 3-4 行程开关外形及符号

接近开关是一种无接触式物体检测装置，又称无触点行程开关，它除可以完成行程控制和限位保护外，还可以用于检测零件尺寸和测速等。

当有物体移向接近开关并接近到一定距离时，接近开关的感应头才有"感知"，使其输出一个电信号，其动合触点闭合，动断触点断开。通常把这个距离叫检出距离。

四、接近开关

接近开关（见图 3-5）按工作原理分为电感式、电容式、霍尔式、超声波式、光电式、磁性接近开关等；按输出形式又可分为两线制和三线制，三线制接近开关又分为 NPN 输出型和 PNP 输出型两种。

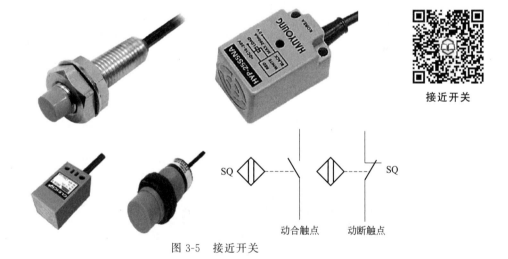

接近开关

图 3-5 接近开关

对于不同材质的检测体和不同的检测距离，应选用不同类型的接近开关，以使其在系统中具有高的性价比，为此在选型中应遵循以下原则。

① 当检测体为金属材料时，应选用电感式接近开关。

② 当检测体为非金属材料时，如木材、纸张、塑料等，应选用电容式接近开关。

③ 金属体和非金属要进行远距离检测和控制时，应选用光电式接近开关或超声波式接近开关。

④ 对于检测体为金属时，若检测灵敏度要求不高时，可选用价格低廉的磁性接近开关或霍尔式接近开关。

任务实施

常用的顺序控制电路有两种：一种是主电路的顺序控制；另一种是控制电路的顺序控制。

一、主电路的顺序启动控制电路分析

用主电路来实现电动机顺序启动的电路如图 3-6 所示。电动机 M1、M2 分别通过接触器 KM1、KM2 来控制，接触器 KM2 的 3 个主触点串联在接触器 KM1 主触点的下方。这就保证了只有当 KM1 闭合，电动机 M1 启动运转后，KM2 才能使电动机 M2 得电启动，满足了电动机 M1、M2 顺序启动的要求。图 3-6 中，按钮 SB2、SB3 分别用于两台电动机的启动控制，按钮 SB1 用于两台电动机的同时停止控制。

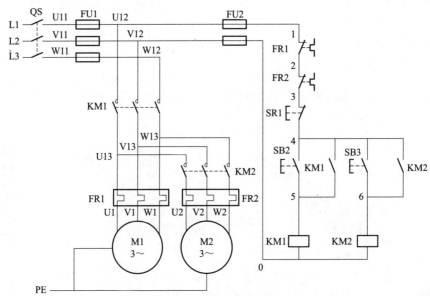

图 3-6 主电路实现电动机顺序启动

二、控制电路的顺序启动控制电路的分析与安装

1. 电路分析

顺序控制逆序停止控制电路，如图 3-7 所示。KM1 控制 M1 电动机，KM2 控制 M2 电动机，要求 M1 必须先启动工作 M2 电动机才能够启动工作，要求 M2 必须先停止工作 M1 电动机才能够停止工作。

启动：按下 SB3 使得 KM1 得电并吸合，电动机 M1 得电启动，KM1 常开触点闭合；此时按下 SB4 使得 KM2 得电，电动机 M2 得电启动；如果没有先按下 SB3 使得 KM1 得电，KM1 的辅助触点闭合，那么按下 SB4 就不会使得 KM2 得电，这样就可以控制两台电动机使得必须先启动 M1 之后再启动 M2 电动机。

顺序启动逆序
停止电路分析

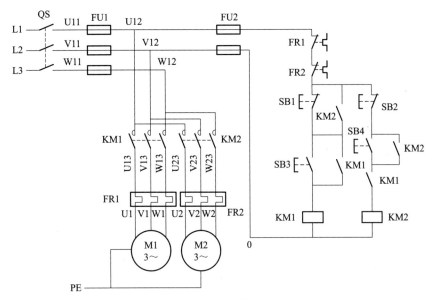

图 3-7　顺序控制逆序停止控制电路

停止：按下 SB2 使得 KM2 断电，电动机 M2 断电停止，KM2 常开触点断开；此时按下 SB1 使得 KM1 断电，电动机 M1 断电停止；如果没有先按下 SB1 使得 KM2 断电，KM2 的辅助触点断开，那么按下 SB1 就不会使得 KM1 断电，这样就可以控制两台电动机使得必须先停止 M2 之后再停止 M1 电动机。

2. 安装和调试

① 按如图 3-7 所示将所需的元器件配齐并绘制安装接线图。

② 按照前面所述的方法进行元器件的安装和配线。

③ 经检查无误后进行通电操作。按下启动按钮 SB3，电动机 M1 启动，这时再按启动按钮 SB4，电动机 M2 启动；按下停止按钮 SB2，电动机 M2 停转，再按下停止按钮 SB1，电动机 M1 停转。

 技能训练与成绩评定

1. 技能训练

① 在规定时间内按工艺要求完成两台三相异步电动机顺序控制电路的安装、接线，且通电试验成功。

② 安装工艺达到基本要求，线头长短适当、接触良好。

③ 遵守安全规程，做到文明生产。

2. 成绩评定

（1）安装、接线（30 分）

安装、接线的考核要求及评分标准见表 3-1。

表 3-1　安装、接线的考核要求及评分标准

内容	考核要求	评分标准	扣分
接线端	对螺栓式接线端子,连接导线时,并按顺时针旋转;对瓦片式接线端子,连接导线时,直接插入接线端子固定即可	一处错误扣 2 分	
	严禁损伤线芯和导线绝缘,接点上不能露太多铜丝	一处错误扣 2 分	
	每个接线端子上连接的导线根数一般以不超过两根为宜,并保证接线牢固	一处错误扣 1 分	
电路工艺	走线合理,做到横平竖直,整齐,各节点不能松动	一处错误扣 1 分	
	导线出线应留有一定余量,并做到长度一致	一处错误扣 1 分	
	导线变换走向要垂直,并做到高低一致或前后一致	一处错误扣 1 分	
	避免出现交叉线、架空线、缠绕线和叠压线的现象	一处错误扣 1 分	
	导线折弯应折成直角	一处错误扣 1 分	
整体布局	板面电路应合理汇集成线束	一处错误扣 1 分	
	进出线应合理汇集在端子板上	一处错误扣 1 分	
	整体走线应合理美观	酌情扣分	

（2）不通电测试（20 分，每错一处扣 5 分，扣完为止）

① 主电路测试。使用万用表电阻挡，合上电源开关 QS，分别压下接触器 KM1、KM2 衔铁，使接触器主触点闭合，分别测量从电源端到电动机出线端子上的每一相电路，将电阻值填入表 3-2 中。

表 3-2　两台三相异步电动机顺序控制的主电路不通电测试记录

检测电路	L1-1U	L2-1V	L3-1W	L1-2U	L2-2V	L3-2W
电阻值/Ω						

② 控制电路测试。按下 SB2、SB3 按钮，测量控制电路两端，将电阻值填入表 3-3 中。压下接触器 KM 衔铁，测量控制电路两端，将电阻值填入表 3-3 中。

表 3-3　两台三相异步电动机顺序控制的控制电路不通电测试记录

控制电路两端(W11-N)			
按下 SB2	按下 SB3	同时按下 SB2、SB3	同时按下 KM1、KM2 的衔铁

（3）通电测试（50 分）

在使用万用表检测后，接入电源进行通电测试。

按照顺序测试电路各项功能，每错一项扣 10 分，扣完为止。如果出现某项功能错误，则后面的功能均算错。将测试结果填入表 3-4 中。

表 3-4　三相异步电动机正反转控制电路的通电测试记录

操作步骤	合上 QS	按下 SB1	按下 SB3	按下 SB2	再次按下 SB3	再次按下 SB1
电动机动作或接触器吸合情况						

🌐 知识拓展　电动机自动往返控制电路的分析与安装

工农业生产中有很多机械设备都是需要往复运动的。例如，机床的工作台、高炉的加料设备等要求工作台在一定距离内能自动往返运动，它是通过行程开关来检测往返运动的相对位置，进而控制电动机的正反转来实现的。因此，把这种控制称为位置控制或行程控制。行程开关除作为位置控制外，还常用来作为车门打开自停开关或限位控制。当检修设备打开车门时自动切断控制电路，起安全保护作用。

图 3-8 为行程开关控制的正反转电路，它与按钮控制直接正反转电路相似，只是增加了行程开关的复合触头 SQ1、SQ2、SQ3 及 SQ4。它们适用于龙门刨床、铁床、导轨磨床等工作部件往复运动的场合。

这种利用运动部件的行程来实现控制的称为按行程原则的自动控制或称为行程控制。

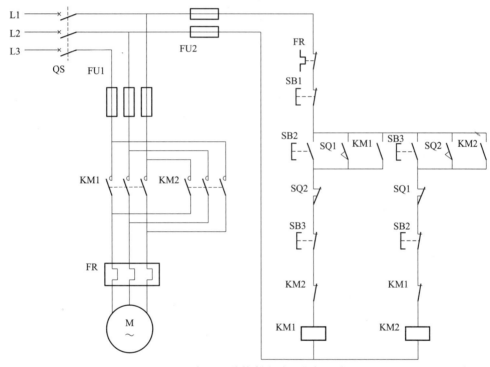

图 3-8　行程开关控制电动机往复运动

工作原理：按下正向启动按钮 SB2，接触器 KM1 得电并自锁，电动机正转使工作台前进。当运行到 SQ2 位置时，撞块压下 SQ2，SQ2 动断触点使 KM1 断电，SQ2 的动合触点使 KM2 得电并自锁，电动机反转使工作台后退。当运动到 SQ1 位置时，撞块压下 SQ1，SQ1 动断触点使 KM2 断电，SQ1 的动合触点使 KM1 得电并自锁，电动机又重新正转。

图 3-8 中行程开关 SQ3、SQ4 是用作极限位置保护的。当 KM1 得电，电机正转，运动部件压下行程开关 SQ2 时，应该使 KM1 失电，而接通 KM2，使电机反转。但若 SQ2 失灵，运动部件继续前行会引起严重事故。若在行程极限位置设置 SQ4（SQ3 装在另一极端位置），则当运动部件压下 SQ4 后，KM1 失电而使电机停止。这种限位保护的行程开关在行程控制电路中必须设置。

任务四
三相异步电动机降压启动控制

任务导入

　　容量小的三相异步电动机才允许直接启动；容量较大的电动机因启动电流较大，一般都采用降压启动方式来启动。降压启动是指利用启动设备将电压适当降低后加到电动机的定子绕组上进行启动，待电动机启动运转后，再使其电压恢复到额定值正常运转，由于电流随电压的降低而减小，所以降压启动达到了减小启动电流的目的。

　　常见的降压启动的方法有定子绕组串电阻（电抗）启动、自耦变压器降压启动、Y-△降压启动。

知识学习

一、继电器的分类

　　继电器是根据一定的信号（如电流、电压、时间和速度等物理量）的变化来接通或分断小电流电路和电器的自动控制电器。

　　继电器一般不用来直接控制主电路，而是通过接触器或其他电器来对主电路进行控制，因此同接触器相比较，它的触点通常接在控制电路中，触点断流容量较小（5A 以下），一般不需要灭弧装置，但对继电器动作的准确性要求较高。

　　继电器种类很多，按输入信号可分为电压继电器、电流继电器、时间继电器、速度继电器、压力继电器、温度继电器等；按工作原理可分为电磁式继电器、感应式继电器、电动式继电器、电子式继电器、热继电器等；按用途可分为控制继电器和保护继电器；按输出形式可分为有触点继电器和无触点继电器。

　　继电器的型号含义如图 4-1 所示。

继电器

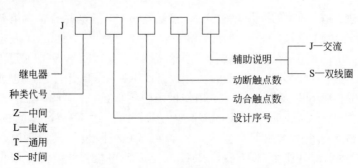

图 4-1　继电器的型号含义

二、时间继电器

时间继电器是指当加入（或去掉）输入的动作信号后，其输出电路需经过规定的准确时间才产生跳跃式变化（或触头动作）的一种继电器。是一种使用在较低的电压或较小电流的电路上，用来接通或切断较高电压、较大电流的电路的电器元件。时间继电器如图 4-2 所示，时间继电器型号含义如图 4-3 所示。

图 4-2　时间继电器

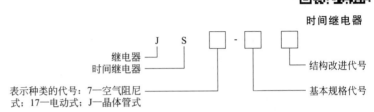

时间继电器

结构改进代号

基本规格代号

继电器

时间继电器

表示种类的代号：7—空气阻尼式；17—电动式；J—晶体管式

图 4-3　时间继电器型号含义

按延时方式可将其分为通电延时型时间继电器和断电延时型时间继电器。时间继电器的电气符号及文字符号如图 4-4 所示。

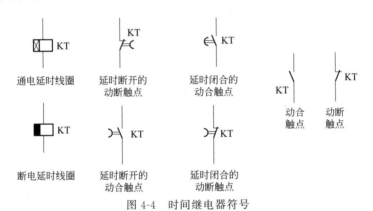

图 4-4　时间继电器符号

通电延时型时间继电器是指线圈通电后触点延时动作，即当线圈通电时，其延时动合触点要延时一段时间才闭合，延时动断触点要延时一段时间才断开；当线圈失电时，其延时动合触点迅速断开，延时动断触点迅速闭合。

断电延时型时间继电器是指线圈断电后触点延时动作，即当线圈通电时，其延时断开的动合触点迅速闭合，延时闭合的动断触点迅速断开；当线圈失电时，其延时断开的动合触点要延时一段时间再断开，延时闭合的动断触点要延时一段时间再闭合。

时间继电器形式多样、各具特点，选择时应从以下几个方面考虑。

① 根据控制电路对延时触点的要求选择延时方式，即通电延时型或断电延时型。

② 根据使用场合、工作环境选择时间继电器的类型。在延时精度不高的场合，可选用空气阻尼式时间继电器；要求延时精度高、延时范围较大的场合，可选用晶体管式时间继电器。目前，电气设备中较多使用晶体管式时间继电器。

三、中间继电器

中间继电器通常用来传递信号和同时控制多个电路，也可用来直接控制小容量电动机或其他电气执行元件。中间继电器的结构和工作原理与交流接触器基本相同，与交流接触器的主要区别是触点数目多些，且触点容量小。在选用中间继电器时，主要考虑电压等级和触点数目。

中间继电器的外形及符号如图 4-5 所示。

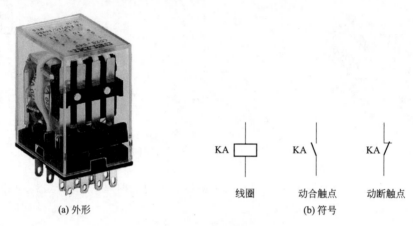

(a) 外形　　　　　　　　　　　　　　　　(b) 符号

图 4-5　中间继电器外形及符号

 任务实施

定子串电阻降压启
动控制电路分析

一、定子串电阻降压启动控制电路分析

定子绕组串接电阻降压启动是指在电动机启动时，把电阻串联在电动机定子绕组与电源之间，通过电阻的分压作用，来降低定子绕组上的启动电压，待启动后，再将电阻短接，使电动机在额定电压下正常运行，这种降压启动控制线路有手动控制、接触器控制、时间继电器控制和手动自动混合控制等四种形式。这里介绍时间继电器控制的线路。其控制电路如图 4-6 所示。

线路工作原理如下：合上电源开关 QS。按下 SB2→KT 线圈通电、接触器 KM1 线圈通电→KM1 自锁触头闭合、接触器 KM1 主触头闭合→电动机 M 串联电阻 R 降压启动→当电动机转速上升一定值时，时间继电器 KT 常开触头闭合→KM2 线圈通电→KM2 主触头闭合→电阻 R 被短接→电动机 M 全压启动。停止时按下 SB1 即可。

定子串电阻降压启动控制电路：启动时加在电动机定子绕组上的电压为电动机额定电压，属全压启动，即直接启动。

优点：电气设备少，线路简单，维修量小，

缺点：启动电流较大，电源变压器容量不够大而电动机功率较大时，直启将导致电源变压器输出电压下降，不仅会减小电动机本身启动转矩，还会影响同一供电线路中其他电气设备的正常工作（故较大容量电动机启动时需采用降压启动）。

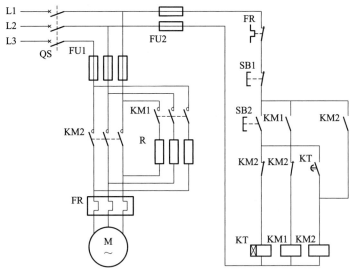

图 4-6　定子串电阻降压启动控制电路

二、Y-△降压启动控制电路的分析与安装

1. 电路分析

Y-△降压启动

Y-△降压启动是指电动机启动时，把定子绕组接成星形，以降低启动电压，限制启动电流，待电动机启动后，再把定子绕组改接为三角形，使其全压运行。

Y-△降压启动适用于正常运行时定子绕组为三角形连接的电动机。Y 形接法降压启动时，加在每相定子绕组上的启动电压只有三角形接法的 $\sqrt{3}/3$，启动电流为三角形接法的 $1/3$；启动转矩也只有三角形接法的 $1/3$。

图 4-7 所示为 Y-△降压启动控制电路。该电路使用了 3 个接触器和 1 个时间继电器，可

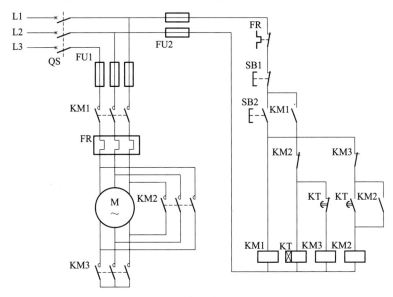

图 4-7　Y-△降压启动控制电路

分为主电路和控制电路两部分。主电路中，接触器 KM1 和 KM3 的主触点闭合时定子绕组为星形连接（启动）；KM1、KM2 主触点闭合时定子绕组为三角形连接（运行）。控制电路按照时间控制原则实现自动切换。

2. 安装和调试

① 按如图 4-7 所示将所需的元器件配齐并绘制安装接线图。

② 按照前面所述的方法进行元器件的安装和配线。

③ 经检查无误后进行通电操作。注意观察三个接触器 KM1、KM2、KM3 的吸合情况。

技能训练与成绩评定

1. 技能训练

① 在规定时间内按工艺要求完成时间继电器控制的星-三角降压启动电路的安装、接线，且通电试验成功。

② 安装工艺达到基本要求，线头长短适当、接触良好。

③ 遵守安全规程，做到文明生产。

专注精神

2. 成绩评定

（1）安装、接线（30 分）

安装、接线的考核要求及评分标准见表 4-1。

表 4-1　安装、接线的考核要求及评分标准

内容	考核要求	评分标准	扣分
接线端	对螺栓式接线端子，连接导线时，并按顺时针旋转；对瓦片式接线端子，连接导线时，直接插入接线端子固定即可	一处错误扣 2 分	
	严禁损伤线芯和导线绝缘，接点上不能露太多铜丝	一处错误扣 2 分	
	每个接线端子上连接的导线根数一般以不超过两根为宜，并保证接线牢固	一处错误扣 1 分	
电路工艺	走线合理，做到横平竖直，整齐，各节点不能松动	一处错误扣 1 分	
	导线出线应留有一定余量，并做到长度一致	一处错误扣 1 分	
	导线变换走向要垂直，并做到高低一致或前后一致	一处错误扣 1 分	
	避免出现交叉线、架空线、缠绕线和叠压线的现象	一处错误扣 1 分	
	导线折弯应折成直角	一处错误扣 1 分	
整体布局	板面电路应合理汇集成线束	一处错误扣 1 分	
	进出线应合理汇集在端子板上	一处错误扣 1 分	
	整体走线应合理美观	酌情扣分	

（2）不通电测试（20 分，每错一处扣 5 分，扣完为止）

① 主电路测试。使用万用表电阻挡，合上电源开关 QS，分别压下接触器 KM1、KM2、

KM3 衔铁，使接触器主触点闭合，分别测量从电源端到电动机出线端子上的每一相电路，将电阻值填入表 4-2 中。

表 4-2　Y-△降压启动控制的主电路不通电测试记录

主电路								
按下 KM1 衔铁			按下 KM2 衔铁			按下 KM3 衔铁		
L1-U1	L2-V1	L3-W1	L1-W2	L2-U2	L3-V2	U2-V2	V2-W2	W2-U2

② 控制电路测试。按下 SB2 按钮，测量控制电路两端，将电阻值填入表 4-3 中。压下接触器 KM1 衔铁，测量控制电路两端，将电阻值填入表 4-3 中。

表 4-3　Y-△降压启动控制电路不通电测试记录

控制电路两端(W11-N)		
按下 SB2	按下 KM1 衔铁	同时按下 KM1、KM2 的衔铁

（3）通电测试（50 分）

在使用万用表检测后，接入电源进行通电测试。

按照顺序测试电路各项功能，每错一项扣 10 分，扣完为止。如果出现某项功能错误，则后面的功能均算错。将测试结果填入表 4-4 中。

表 4-4　Y-△降压启动控制电路通电测试记录

操作步骤	合上 QS	按下 SB1	按下 SB3	按下 SB2	再次按下 SB3	再次按下 SB1
电动机动作或接触器吸合情况						

 ## 知识拓展　自耦变压器降压启动控制电路分析

自耦变压器高压端接电网，低压端接三相电机。自耦变压器输入和输出共用了一个线圈，升压降压可以用不同的抽头来实现，而且输入输出必定有一条共用线。常见的有 2 组或 3 组的抽头，比如 3 组的抽头，输出电压是输入端的 50% 和 65% 和 80%，所以电机启动的时候电流也只有全网启动时的 25%、42% 和 64%，电动机的启动电流和启动转矩与端电压的平方成比例降低，所以启动电流小了，启动转矩也小了，轻松启动。

自耦变压器降压启动控制电路如图 4-8 所示，它主要由主电路、控制电路和指示电路组成。主电路中自耦变压器 T 和接触器 KM1 的主触点构成自耦变压器启动器，接触器 KM2 主触点用以实现全压运行。启动过程按时间原则控制，电动机工作原理如下。

自耦变压器降压启动方法适用于启动较大容量的电动机。但是，自耦变压器价格较贵，而且不允许频繁启动。

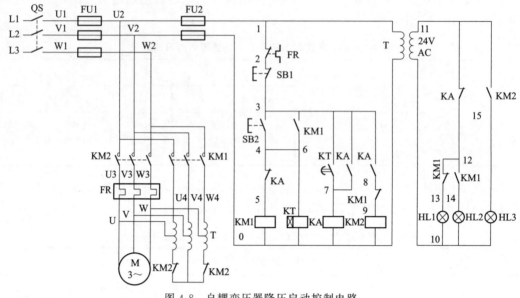

图 4-8　自耦变压器降压启动控制电路

任务五
三相异步电动机制动控制

 任务导入

　　由于机械惯性的影响，高速旋转的电动机从切除电源到停止转动要经过一定的时间。这样往往满足不了某些生产工艺快速、准确停车的控制要求，这就需要对电动机进行制动控制。采用什么元器件可以构成电动机制动控制电路呢？

知识学习

　　所谓制动，就是给正在运行的电动机加上一个与原转动方向相反的制动转矩迫使电动机迅速停转。

一、机械制动控制电路

　　利用机械装置使电动机断开电源后迅速停转的方法称为机械制动。机械制动常用的方法有电磁抱闸制动和电磁离合器制动。这里主要介绍电磁抱闸制动，它可分为通电制动型和断电制动型两种。

　　电磁抱闸制动装置由电磁操作机构和弹簧力机械抱闸机构组成。图 5-1 所示为断电制动型电磁抱闸的控制电路。

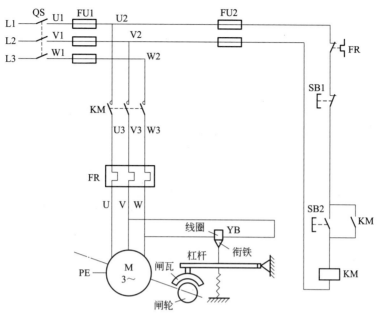

图 5-1　断电制动型电磁抱闸的结构及其控制电路

工作原理介绍如下。

合上电源开关 QS，按下启动按钮 SB2 后，接触器 KM 线圈得电自锁，主触点闭合，电磁铁线圈 YA 通电，衔铁吸合，使制动器的闸瓦和闸轮分开，电动机 M 启动运转。停车时，按下停止按钮 SB1 后，接触器 KM 线圈断电，自锁触点和主触点分断，使电动机和电磁铁线圈 YA 同时断电，衔铁与铁芯分开，在弹簧拉力的作用下闸瓦紧紧抱住闸轮，电动机迅速停转。

电磁抱闸制动适用于各种传动机构的制动，且多用于起重电动机的制动。

二、速度继电器

速度继电器是利用转轴的转速来切换电路的自动电器，它主要用作鼠笼式异步电动机的反接制动控制中，故也称为反接制动继电器。

速度继电器主要由定子、转子和触点三部分组成。如图 5-2 所示为速度继电器的结构原理示意图及工作过程演示。

速度继电器的轴与电动机的轴相连接。当电动机转动时，速度继电器的转子随之转动，绕组切割磁场产生感应电动势和电流，此电流和永久磁铁的磁场作用产生转矩，使定子向轴的转动方向偏摆，通过摆锤拨动触点，使动断触点断开、动合触点闭合。当电动机转速下降到接近零时，转矩减小，摆锤在弹簧力的作用下恢复原位，触点也复位。

速度继电器根据电动机的额定转速进行选择。

常用的感应式速度继电器有 JY1 和 JFZO 系列。速度继电器有两对动合、动断触点，分别对应于被控电动机的正、反转运行。一般情况下，速度继电器的触点在转速达 120r/min 左右时动作，100r/min 左右时恢复正常位置。

速度继电器的图形符号和文字符号如图 5-3 所示。

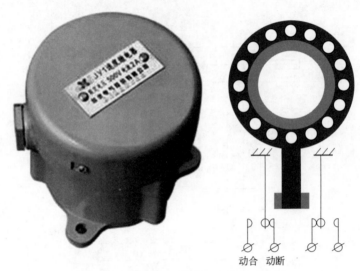

图 5-2　速度继电器的外形及结构示意图

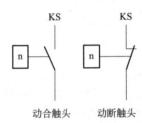

图 5-3　速度继电器的图形符号和文字符号

 任务实施

电气制动就是给正在运行的电动机加上一个与原转动方向相反的制动转矩，从而迫使电动机迅速停转。三相交流异步电动机常用的电气制动分为能耗制动和电源反接制动两种。

一、能耗制动电路分析

1. 能耗制动的方法

能耗制动是在切除三相交流电源之后，定子绕组通入直流电流，让电动机产生一个与惯性转动方向相反的电磁力矩而使电动机迅速停转，并在制动结束后将直流电源切除。这种制动方法称为能耗制动。

能耗制动的制动力矩随惯性转速的下降而减小，因而制动平稳，并且可以准确停车。

2. 能耗制动控制电路分析

对于 10kW 以上容量较大的电动机，多采用有变压器全波整流能耗制动控制电路。图 5-4 所示为按时间原则控制的能耗制动控制电路。接触器 KM1、KM2 的主触点用于电动机工作时接通三相电源，并可实现正、反转控制，接触器 KM3 的主触点用于制动时接通全波整流电路提供的直流电源，电路中的电阻 R 起限制和调节直流制动电流以及调节制动强度的作用。

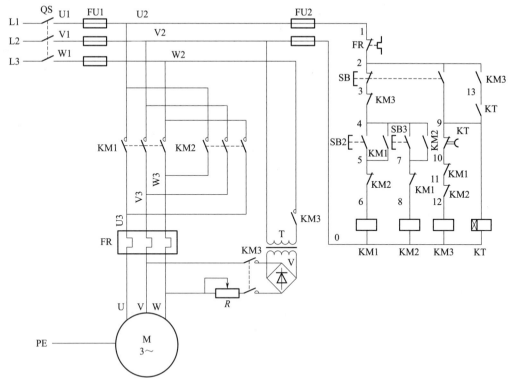

图 5-4 按时间原则控制的能耗制动控制电路

反接制动
电路分析

二、反接制动控制电路分析

1. 反接制动的方法

异步电动机反接制动的方法有两种：一种是在负载转矩作用下使电动机反转的倒拉反转反接制动方法，这种方法不能准确停车；另一种是依靠改变三相异步电动机定子绕组中三相电源的相序产生制动力矩，迫使电动机迅速停转的方法。当改变电动机定子绕组中三相电源的相序时，就会使电动机产生一个与转子惯性转动方向相反的电磁转矩，使电动机的转速迅速下降，电动机制动到接近零转速时，再将反接电源切除。通常采用速度继电器检测速度的过零点，并及时切除反接电源，以免电动机反向运转。

2. 反接制动控制电路分析

图 5-5 所示为单相运行的反接制动控制电路。主电路中接触器 KM1 用于接通电动机工作相序电源，KM2 用于接通反接制动电源，电动机反接制动电流很大，通常在制动时串接电阻 R 以限制反接制动电流。

图 5-5 中，按下启动按钮 SB2，KM1 线圈得电并自锁，电动机开始运行，当电动机的速度达到速度继电器的动作速度时，速度继电器 KS 的动合触点闭合，为电动机反接制动做准备。制动时，按下停止按钮 SB1，KM1 线圈失电，由于速度继电器 KS 的动合触点在惯

性转速作用下仍然闭合，使 KM2 线圈得电自锁，电动机实现反接制动。当其转子的转速小于 100r/min 时，KS 的动合触点复位断开，KM2 线圈失电，制动过程结束。

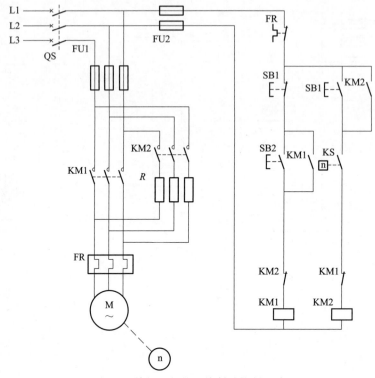

图 5-5　单相运行的反接制动控制电路

三、安装和调试

① 按图 5-5 所示将所需的元器件配齐并绘制安装接线图。

② 按照前面所述的方法进行元器件的安装和配线。

③ 经检查无误后进行通电操作。注意观察电动机的制动情况。

 技能训练与成绩评定

1. 技能训练

① 在规定时间内按工艺要求完成异步电动机反接制动电路的安装、接线，且通电试验成功。

② 安装工艺达到基本要求，线头长短适当、接触良好。

③ 遵守安全规程，做到文明生产。

2. 成绩评定

（1）安装、接线（30 分）

安装、接线的考核要求及评分标准见表 5-1。

表 5-1 安装、接线的考核要求及评分标准

内容	考核要求	评分标准	扣分
接线端	对螺栓式接线端子,连接导线时,并按顺时针旋转;对瓦片式接线端子,连接导线时,直接插入接线端子固定即可	一处错误扣 2 分	
	严禁损伤线芯和导线绝缘,接点上不能露太多铜丝	一处错误扣 2 分	
	每个接线端子上连接的导线根数一般以不超过两根为宜,并保证接线牢固	一处错误扣 1 分	
电路工艺	走线合理,做到横平竖直,整齐,各节点不能松动	一处错误扣 1 分	
	导线出线应留有一定余量,并做到长度一致	一处错误扣 1 分	
	导线变换走向要垂直,并做到高低一致或前后一致	一处错误扣 1 分	
	避免出现交叉线、架空线、缠绕线和叠压线的现象	一处错误扣 1 分	
	导线折弯应折成直角	一处错误扣 1 分	
整体布局	板面电路应合理汇集成线束	一处错误扣 1 分	
	进出线应合理汇集在端子板上	一处错误扣 1 分	
	整体走线应合理美观	酌情扣分	

(2) 不通电测试(20 分,每错一处扣 5 分,扣完为止)

① 主电路测试。使用万用表电阻挡,合上电源开关 QS,压下接触器 KM 衔铁,使 KM 主触点闭合,测量从电源端到电动机出线端子上的每一相电路,将电阻值填入表 5-2 中。

② 控制电路测试。按下 SB2、SB3 按钮,测量控制电路两端,将电阻值填入表 5-2 中。压下接触器 KM 衔铁,测量控制电路两端,将电阻值填入表 5-2 中。

表 5-2 反接制动控制电路的不通电测试记录

操作步骤	主电路			主电路			控制电路			
	压下 KM1 衔铁			压下 KM2 衔铁			按下 SB1	按下 SB2	压下 KM1 衔铁	压下 KM2 衔铁
电阻值 /Ω	L1-U	L2-V	L3-W	L1-U	L2-V	L3-W				

(3) 通电测试(50 分)

在使用万用表检测后,接入电源进行通电测试。

按照顺序测试电路各项功能,每错一项扣 10 分,扣完为止。如果出现某项功能错误,则后面的功能均算错。将测试结果填入表 5-3 中。

表 5-3 反接制动控制电路的通电测试记录

操作步骤	合上 QS	按下 SB2	按住 SB1	再次按下 SB2	再次按下 SB1
电动机动作或接触器吸合情况					

知识拓展　电动机保护装置

① 短路保护。由熔断器分别对主电路和控制电路进行短路保护。常用短路保护元件有熔断器和低压断路器。

② 过载保护。由热继电器 FR 对电动机进行过载保护。

③ 欠电压和失压保护。在电源电压降到允许值以下时，需要采用保护措施，及时切断电源，这就是欠电压保护。通常采用欠电压继电器或设置专门的零电压继电器。

④ 弱磁保护。直流电动机正在运行时磁场突然减弱或消失，电动机转速就会迅速升高，甚至发生"飞车"事故，因此需要采用弱磁保护。弱磁保护是通过在电动机励磁回路中串入欠电流继电器实现的。

⑤ 电动机综合保护装置。数字式电动机保护器主要以单片机作为控制器，可实现电机的智能化综合保护，集保护、测量、通信、显示为一体。

项目二

S7-1200程序
设计基础

能力目标

◎ 能根据控制系统输入信号和输出信号的要求，设计出 PLC 的硬件接线图，熟练完成 PLC 的外部接线操作。

◎ 能够操作博途编程软件，完成程序的编写、下载、监测等操作，并对 PLC 程序进行调试、运行。

知识目标

◎ 掌握 PLC 的基本结构和工作原理。

◎ 熟悉 ST-1200 系列 PLC 的编程元件，掌握主要编程元件的功能和应用注意事项。

◎ 初步掌握博途编程软件的基本操作，熟悉软件的主要功能。

任务六
认识 S7-1200 PLC

 任务导入

在项目一中，利用接触器可以实现三相异步电动机的启停控制，如图 6-1 所示，按下启动按钮 SB2，三相电动机启动；按下停止按钮 SB1，三相电动机停止。若改变电动机的控制要求，如按下启动按钮 5s 后，再让电动机启动，这时就需要增加一个通电延时时间继电器，并且需要改变图 6-1 所示的控制电路的接线方式才可以实现。

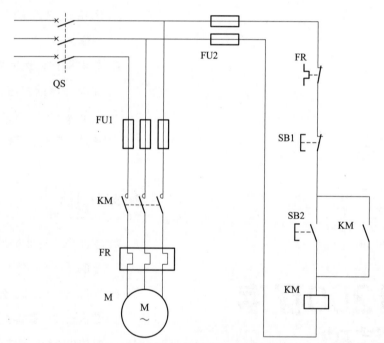

图 6-1　基于接触器的电动机启停控制

从上面的例子可以看出，继电接触控制系统采用硬件接线安装而成。一旦控制要求改变，控制系统就必须重新配线安装，通用性和灵活性较差。若采用 PLC 对电动机进行直接启动控制或延时启动控制，工作将变得简单、可靠。采用 PLC 控制，主电路仍然不变，如图 6-2 所示，用户只需将输入设备（如启动按钮 SB2、停止按钮 SB1、热继电器触点 FR）接到 PLC 的输入端口，输出设备（如接触器线圈 KM）接到 PLC 的输出端口，再接上电源、输入程序就可以了。

在图 6-2 中，若需要改变控制要求，PLC 的输入/输出接线并不需要改变，只需要改变程序就可以实现了。

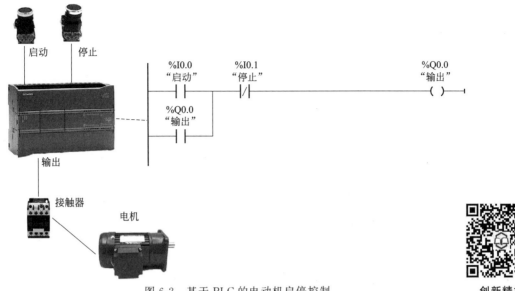

创新精神

图 6-2　基于 PLC 的电动机启停控制

PLC 的产生

知识学习

一、PLC 基本概念

1. PLC 的产生

20 世纪 70 年代，继电器控制系统广泛应用于工业控制领域，特别是制造业。然而由于继电器控制系统自身的不足，使其在应用过程中面临了很多挑战。当时，计算机已经开始应用于很多科研机构、高等学校和大型企业，但主要用于数值运算，因为计算机本身的复杂性、编程难度高、难以适应恶劣的工业环境以及价格昂贵等因素，使其未能在工业控制中应用。

1968 年美国通用汽车公司（GM），为了适应汽车型号的不断更新，生产工艺不断变化的需要，实现小批量、多品种生产，希望能有一种新型工业控制器，它能做到尽可能减少重新设计和更换继电器控制系统及接线，以降低成本，缩短周期。基于此，提出了 10 项技术指标。1968 年，GM 公司提出十项设计标准：①编程简单，可在现场修改程序；②维护方便，采用模块式结构；③可靠性高于继电器控制柜；④体积小于继电器控制柜；⑤成本可与继电器控制柜竞争；⑥可将数据直接送入计算机；⑦可直接使用市电交流输入电压；⑧输出采用市电交流电压，能直接驱动电磁阀、交流接触器等；⑨通用性强，扩展方便；⑩能存储程序，存储器容量可以扩展到 4KB。

1969 年，美国数字设备公司（DEC）研制出第一台 PLC，并在美国通用汽车自动装配线上试用，获得成功。这种新型的电控装置由于优点多、缺点少，很快就在美国得到了推广应用。

经过多年的发展，国内 PLC 生产厂约有 30 家，但尚未形成规模。国内 PLC 应用市场仍然以国外产品为主，如：西门子的 S7-1200 系列、1500 系列、400 系列，三菱的 FX 系列，欧姆龙的 C200H 系列等。

2. PLC 的定义

可编程序控制器最初称为可编程序逻辑控制器（Programmable Logic Controller）。随着技术的发展，其功能已经远远超出了逻辑控制的范围，因而用可编程序逻辑控制器已不能导入其多功能的特点。1980 年，美国电气制造商协会（NEMA）给它起了一个新的名称，叫可编程序控制器（Programmable Controller，PC，后又称为 PLC）。

由于 PC 这一缩写在我国早已成为个人计算机（Personal Computer）的代名词，为避免造成名词术语混乱，同时基于 PC 的控制又有了新的含义，因此，在我国仍沿用 PLC 表示可编程序控制器。

1987 年，国际电工委员会（IEC）定义："可编程控制器是一种数字运算操作的电子系统，专为在工业环境下应用而设计。它采用可编程序的存储器，用来在其内部存储执行逻辑运算、顺序控制、定时、计数和算术运算等操作的指令，并通过数字式和模拟式的输入和输出，控制各种类型的机械或生产过程。可编程控制器及其有关外围设备，都应按易于与工业系统联成一个整体，易于扩充其功能的原则设计。"

3. PLC 的分类

PLC 分类

PLC 一般从点数、功能、结构形式和流派等方面进行分类。

（1）根据结构形式进行分类

PLC 按结构形式分，有整体式、模块式两种。

整体式 PLC（见图 6-3）是一个整体，电源、CPU、I/O 接口等部件都集中装在一个机箱内，整体式 PLC 根据需要也可以进行扩展。具有结构紧凑、体积小、价格低等特点。

模块式 PLC（见图 6-4）是由多个模块组成的，如 CPU 模块、I/O 模块、电源模块（有的含在 CPU 模块中）以及各种功能模块，通过内部总线连接在一起，用户可以根据需要组建自己的 PLC 系统。

(a) 西门子整体式PLC　　　　　(b) S7-1200整体式PLC

图 6-3　整体式 PLC　　　　　　　　　　　图 6-4　S7-1500 模块式 PLC

（2）按 I/O 点数分

根据点数和功能可以分为小型、中型和大型 PLC。小型 PLC 的输入/输出（I/O）端子数量为 256 点以下；中型 PLC 的输入/输出端子数量为 1024 点以下；大型 PLC 的输入/输出端子数量为 1024 点以上。

小型 PLC、中型 PLC 和大型 PLC 不光体现在输入/输出端子数量上，更重要的是功能的差别。小型 PLC 主要用于完成逻辑运算、计时、计数、移位、步进控制等功能。中型 PLC 的功能，除小型 PLC 完成的功能外，还有模拟量控制、算术运算（＋、－、×、÷）、数据传送和矩阵等功能。大型 PLC，除中型 PLC 完成的功能外，还有更强的联网、监视、记录、打印、中断、智能、远程控制等功能。另外，小型、中型和大型 PLC 的分类不是绝对的，有些小型 PLC 可以具备部分中型 PLC 的功能。

4. PLC 的组成

PLC 主要由 CPU（中央处理器）、存储器、输入/输出（I/O）接口电路、电源、外部设备接口、I/O（输入/输出）扩展接口组成，如图 6-5 所示。

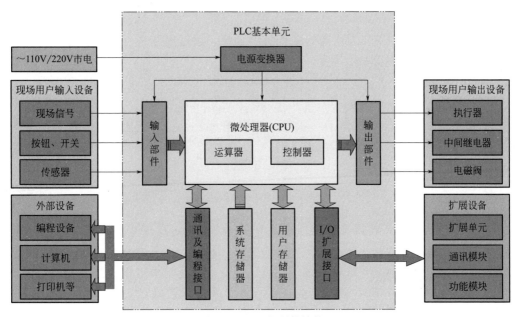

图 6-5 PLC 的硬件结构

（1）CPU

CPU 又称中央处理器，是 PLC 的控制中心。它不断地采集输入信号，执行用户程序，刷新系统的输出。

（2）存储器

存储器用来储存程序和数据，分为 ROM（只读存储器）和 RAM（随机存储器）两种。PLC 的 ROM 存储器中固化着系统程序，用户不能直接存取、修改。RAM 存储器中存放用户程序和工作数据，使用者可对用户程序进行修改。为保证掉电时不会丢失 RAM 存储信息，一般用锂电池作为备用电源供电。

（3）输入/输出接口电路

① 输入接口电路。输入接口是连接 PLC 与其他外设之间的桥梁。生产设备的控制信号通过输入接口传送给 CPU。

PLC 输入输出模块

开关量输入接口用于连接按钮、选择开关、行程开关、接近开关和各类传感器传来的信号。PLC 输入电路包括双光电耦合器 T 和 RC 滤波器，用于消除输入触点抖动和外部噪声干扰。

② 输出接口电路。输出接口用于连接继电器、接触器、电磁阀线圈，是 PLC 的主要输出口，是连接 PLC 与外部执行元件的桥梁。PLC 有 3 种输出方式：继电器输出、晶体管输出、晶闸管输出。其中继电器输出型为有触点的输出方式，可用于直流或低频交流负载；晶体管输出型和晶闸管输出型都是无触点输出方式。前者适用于高速、小功率直流负载；后者适用于高速、大功率交流负载。

（4）电源

PLC 一般采用 AC220V 电源，经整流、滤波、稳压后可变换成供 PLC 的 CPU、存储器等电路工作所需的直流电压，有的 PLC 也采用 DC24V 电源供电。为保证 PLC 工作可靠，大都采用开关型稳压电源。有的 PLC 还向外部提供 24V 直流电源。

（5）外设接口

外设接口是在主机外壳上与外部设备配接的插座，通过电缆线可配接编程器、计算机、打印机、EPROM 写入器、触摸屏等。

（6）I/O 扩展接口

I/O 扩展接口是用来扩展输入、输出点数的。当用户输入、输出点数超过主机的范围时，PLC 可通过 I/O 扩展接口与 I/O 扩展单元相接，以扩充 I/O 点数。A/D 和 D/A 单元以及链接单元一般也通过该接口与主机连接。

5. PLC 的特点

PLC 具有如下特点。

PLC 特点

（1）可靠性高，抗干扰能力强

微型计算机虽然具有很强的功能，但抗干扰能力差，工业现场的电磁干扰、电源波动、机械振动、温度和湿度的变化等都可以使一般通用微机不能正常工作。而 PLC 是专为工业环境应用而设计的，已在 PLC 硬件和软件的设计上采取了措施，使 PLC 具有很高的可靠性。在硬件方面，采用严格的生产工艺制造，内部电路采取了先进的抗干扰技术，对易受干扰影响工作的部件采取了电和磁的屏蔽，对 I/O 口采用了光电隔离。因此，对于可能受到的电磁干扰、高低温及电源波动等影响，PLC 具有很强的抗干扰能力。

在软件方面，采用故障检测、诊断、信息保护和恢复等手段，一旦发生异常 CPU 立即采取有效措施，防止故障扩大，使 PLC 的可靠性大大提高。

（2）结构简单，应用灵活

PLC 发展到今天，已经形成了大、中、小各种规模的系列化产品，并且已经标准化、系列化、模块化，配备各种输入输出信号模块、通信模块及一些特殊功能模块。针对不同的控制对象，用户能灵活方便地进行系统配置，组成不同功能、不同规模的控制系统。当生产工艺要求发生变化时，不需要重新接线，通过编写应用软件，就可以实现新工艺要求的控制功能。

（3）编程方便，易于使用

PLC 采用了与继电器控制电路有许多相似之处的梯形图作为主要的编程语言，程序形象直观，指令简单易学，编程步骤和方法容易理解和掌握，不需要具备专门的计算机知识，只要具有一定的电工和电气控制工艺知识的人员都可在短时间内学会。

（4）功能完善，适用性强

PLC 具有对数字量和模拟量很强的处理功能，如逻辑运算、算术运算和特殊函数运算等。PLC 具有常用的控制功能，如 PID 闭环回路控制、中断控制等。PLC 可以扩展特殊功能，如高速计数、电子凸轮控制、伺服电动机定位和多轴运动插补控制等。PLC 可以组成多种工业网络，实现数据传送、HMI 监控等功能。

二、SIMATIC S7-1200 PLC

西门子控制器系列是一个完整的产品组合，包括从基本的智能逻辑控制器 LOGO! 以及 S7 系列高性能可编程控制器，再到基于 PC 的自动化控制系统。无论多么苛刻的要求，它都能满足要求，根据具体应用需求及预算，灵活组合、定制（系列化的控制器家族产品满足你的不同应用及需求）。西门子 PLC 产品系列如图 6-6 所示。

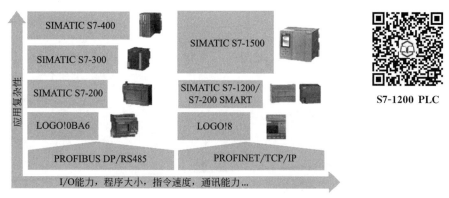

图 6-6　西门子 PLC 产品系列

SIMATIC S7-1200 是西门子公司新推出的一款 PLC，主要面向简单而高精度的自动化任务。它集成了 PROFINET 接口，采用模块化设计并具备强大的工艺功能，适用于多种场合，满足不同的自动化需求。SIMATIC S7-1200 系列的 PLC 可广泛应用于物料输送机械、输送控制、金属加工机械、包装机械、印刷机械、纺织机械、水处理厂、石油/天然气泵站、电梯和自动升降机设备、配电站、能源管理控制、锅炉控制、机组控制、泵控制、安全系统、火警系统、室内温度控制、暖通空调、灯光控制、安全/通路管理、农业灌溉系统和太阳能跟踪系统等独立离散自动化系统领域。

西门子公司的可编程控制器有逻辑模块 LOGO、SIMATIC S7-200、SIMATIC S7-200SMART、SIMATIC S7-1200、SIMATIC S7-1500、SIMATIC S7-300 和 SIMATIC S7-400。

SIMATIC S7-1200 控制器的可扩展设计源于它的模块化设计理念。控制器具有高度的灵活性，能够最大限度地满足不同的客户需求。用户可根据自身需要确定控制器系统，后续的系统扩展也十分便捷。

所有的 CPU 都可以内嵌一块信号板，为控制器添加数字量或模拟量输入/输出通道，从而可以在不改变体积的情况下量身订制 CPU。SIMATIC S7-1200 控制器的模块化设计允许用户按照实际的应用需求准确地设计控制系统。扩展能力最高的 CPU 可连接多达 8 个信号模块，以支持更多的数字量和模拟量输入/输出信号连接。

快速、简单、灵活的工业通信能够满足不同的组网要求。集成的 PROFINET 接口可以用于编程、HMI 通信和 PLC 间的通信。此外它还通过开放的以太网协议支持与第三方设备的通信。该接口带一个具有自动交叉网线功能的 RJ-45 连接器，提供 10/100Mbit/s 的数据传输速率，支持 TCP/IP native、ISO-on-TCP 和 S7 通信协议。SIMATIC S7-1200 CPU 最多可以添加 3 个通信模块。RS-485 和 RS-232 通信模块为点到点的串行通信提供连接。对通信的组态和编程采用了扩展指令或库功能、USS 驱动协议、MODBUS RTU 主站和从站协议。

　　SIMATIC S7-1200 小型可编程控制器充分满足中小型自动化的系统需求。在研发过程中充分考虑了系统、控制器、人机界面和软件的无缝整合和高效协调的需求。SIMATIC S7-1200 系列的问世，标志着西门子在原有产品系列基础上拓展了产品版图，代表了未来小型可编程控制器的发展方向，西门子也将一如既往开拓创新，引领自动化潮流。

　　SIMATIC S7-1200 具有集成 PROFINET 接口、强大的集成工艺功能和灵活的可扩展性等特点，为各种工艺任务提供了简单的通信和有效的解决方案，尤其满足多种应用中完全不同的自动化需求，如图 6-7 所示。

图 6-7　S7-1200 PLC 系统组成

三、S7-1200 CPU 的技术规范

　　S7-1200 现在有基本型 CPU 模块 5 种型号（简称为 CPU，见表 6-1），此外还有故障安全型 CPU。CPU 可以扩展 1 块信号板，左侧可以扩展 3 块通信模块，右侧可扩展多个通信模块。

表 6-1　S7-1200 CPU 技术规范

特点	CPU1211C	CPU1212C	CPU1214C	CPU1215C	CPU1217C
本机数字量 I/O 点数	6 入/4 出	8 入/6 出	14 入/10 出	14 入/10 出	14 入/10 出
本机模拟量 I/O 点数	2 入	2 入	2 入	2 入/2 出	2 入/2 出
工作存储器/装载存储器	50KB/1MB	75KB/2MB	100KB/4MB	125KB/4MB	150KB/4MB
信号模块扩展个数	无	2	8	8	8
最大本地数字量 I/O 点数	14	82	284	284	284
最大本地模拟量 I/O 点数	13	19	67	69	69
上升沿/下降沿中断点数	6/6	8/8	12/12		
脉冲捕获输入点数	6	8	14		
传感器电源输出电流/mA	300	300	400		

S7-1200 CPU 的外形如图 6-8 所示。

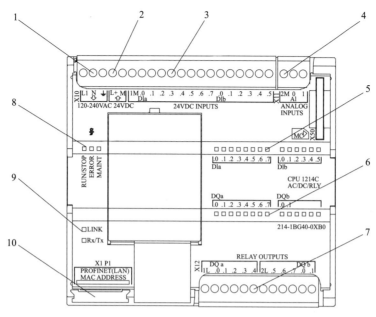

图 6-8 S7-1200 CPU 模块

1—电源输入端子；2—24V 电源供电端子；3—开关量输入端子；4—模拟量输入端子排；

5—输入指示灯；6—输出指示灯；7—输出端子排；8—运行状态指示灯；

9—通信状态指示灯；10—以太网口

S7-1200 每种 CPU 有三种不同供电电源、输入电源、输出电源的版本，如表 6-2 所示。

表 6-2 S7-1200 CPU 的 3 种版本

版本	电源电压	DI 输入电压	DQ 输出电压	DQ 输出电流
DC/DC/DC	DC24V	DC24V	DC24V	0.5A,MOSFET
DC/DC/Relay	DC24V	DC24V	DC5~30V,AC5~250V	2A,DC30W/AC200W
AC/DC/Relay	AC85~264V	DC24V	DC5~30V,AC5~250V	2A,DC30W/AC200W

四、S7-1200 CPU 的共性

S7-1200 系列 CPU 的共性如下。

① 集成的 24V 传感器/负载电源可供传感器和编码器使用，也可以用作输入回路的电源。

② 2 点集成的模拟量输入（0~10V），输入电阻 100kΩ，10 位分辨率。

③ 2 点脉冲输出（PTO）或脉宽调制（PWM）输出，最高频率 100kHz。

④ 每条位运算、字运算和浮点数数字运算指令的执行时间分别为 $0.1\mu s$、$12\mu s$ 和 $18\mu s$。

⑤ 最多可以设置 2048B 有掉电保持功能的数据区（包括位存储器、功能块的局部变量和全局数据块中的变量）。通过可选的 SIMATIC 存储卡，可以方便地将程序传输到其他 CPU。存储卡还可以用来存储各种文件或更新 PLC 系统的固件。

⑥ 过程映像输入、输出各 1024B。

数字量输入电路的电压额定值为 DC 24V，输入电流为 4mA。1 状态允许的最小电压/电流为 DC 15V/2.5mA，0 状态允许的最大电压/电流为 DC5 V/1mA。可组态输入延迟时间（0.2~12.8ms）和脉冲捕获功能。在过程输入信号的上升沿或下降沿可以产生快速响应的中断输入。

继电器输出的电压范围为 DC 5~30V 或 AC 5~250V，最大电流为 2A，白炽灯负载为 DC 30W 或 AC 200W。DC/DC 型 MOSFET 的 1 状态最小输出电压为 DC 20V，输出电流为 5A。0 状态最大输出电压为 DC0.1V，最大白炽灯负载为 5W。

⑦ 可以扩展 3 块通信模块和一块信号板，CPU 可以用信号板扩展一路模拟量输出或高速数字量输入/输出。

⑧ 时间延迟与循环中断，分辨率为 1ms。

⑨ 实时时钟的缓存时间典型值为 10 天，最小值为 6 天，25℃时的最大误差为 60s/月。

⑩ 带隔离的 PROFINET 以太网接口，可使用 TCP/IP 和 ISO-on-TCP 两种协议。支持 87 通信，可以作服务器和客户机，传输速率为 10Mbit/s、100Mbit/s，可建立最多 16 个连接。自动检测传输速率，RJ-45 连接器有自协商和自动交叉网线（Auto Cross Over）功能。后者是指用一条直通网线或者交叉网线都可以连接 CPU 和其他以太网设备或交换机。

⑪ 用梯形图和功能块图这两种编程语言。

⑫ 可选的 SIMATIC 存储卡扩展存储器的容量和更新 PLC 的固件。还可以用存储卡方便地将程序传输到其他 CPU。

⑬ 参数自整定的 PID 控制器。

⑭ 可采用数字量开关板为数字量输入点提供输入信号来测试用户程序。

五、S7-1200 CPU 集成的工艺功能

S7-1200 集成了高速计数与频率测量高速脉冲输出、PWM 控制、运动控制和 PID 控制功能。

（1）高速计数器

S7-1200 的 CPU 最多有 6 个高速计数器，用于对来自增量式编码器和其他设备的频率信号计数，或对过程事件进行高速计数。3 点集成的高速计数器的最高频率为 100kHz（单相）或 80kHz（互差 90°的 AB 相信号）。其余各点的最高频率为 30kHz（单相）或 20kHz（互差 90°的 AB 相信号）。

（2）高速脉冲输出

S7-1200 集成了最多 4 路高速脉冲输出，组态为 PTO 时，它们提供最高频率为 100kHz 的 50% 占空比的高速脉冲输出，可以对步进电动机或伺服驱动器进行开环速度控制和定位控制，通过两个高速计数器对高速脉冲输出进行内部反馈。

组态为 PWM 输出时，将生成一个具有可变占空比、周期固定的输出信号，经滤波后，得到与占空比成正比的模拟量，可以用来控制电动机速度和阀门位置等。

（3）PLCopen 运动功能块

S7-1200 支持使用步进电动机和伺服驱动器进行开环速度控制和位置控制。通过一个轴工艺对象和 STEP 7 Basic 中通用的 PLCopen 运动功能块，就可以实现对该功能的组态。除了返回原点和点动功能以外，还支持绝对位置控制、相对位置控制和速度控制。STEP 7Basic 中的驱动调试控制面板简化了步进电动机和伺服驱动器的启动和调试过程。它为单个

运动轴提供了自动和手动控制以及在线诊断信息。

（4）用于闭环控制的 PID 功能

S7-1200 支持多达 16 个用于闭环过程控制的 PID 控制回路（S7-200 只支持 8 个回路）。

这些控制回路可以通过一个 PID 控制器工艺对象和 STEP7 Basic 中的编辑器轻松地进行组态。除此之外，S7-1200 还支持 PID 参数自调整功能，可以自动计算增益、积分时间和微分时间的最佳调节值。

STEP 7Basie 中的 PID 调试控制面板简化了控制回路的调节过程，可以快速精确地调节 PID 控制回路。它除了提供自动调节和手动控制方式之外，还提供用于调节过程的趋势图。

 任务实施

一、安装现场的接线

在安装和移动 S7-1200 PLC 模块及其相关设备之前，一定要切断所有的电源。S7-1200 PLC 设计安装和现场接线的注意事项如下。

① 使用正确的导线，采用芯径为 0.50～1.50mm 的导线。

② 尽量使用短导线（最长 500m 屏蔽线或 300m 非屏蔽线），导线要尽量成对使用，用一根中性或公共导线与一根热线或信号线相配对。

③ 将交流线和高能量快速开关的直流线与低能量的信号线隔开。

④ 针对闪电式浪涌，安装合适的浪涌抑制设备。

⑤ 外部电源不要与 DC 输出点并联用作输出负载，这可能导致反向电流冲击输出，除非在安装时使用二极管或其他隔离栅。

二、使用隔离电路时的接地与电路参考点

使用隔离电路时的接地与电路参考点应遵循以下几点。

① 为每一个安装电路选一个合适的参考点（0V）。

② 隔离元件用于防止安装中的不期望的电流产生。应考虑到哪些地方有隔离元件，哪些地方没有，同时要考虑相关电源之间的隔离以及其他设备的隔离等。

③ 选择一个接地参考点。

④ 在现场接地时，一定要注意接地的安全性，并且要正确地操作隔离保护设备。

三、PLC 的外部接线

S7-1200 PLC 的供电电源可以是 AC 110V 或 220V 电源，也可以是 DC24V 电源，接线时有一定的区别及相应的注意事项。

1. 交流供电接线

CPU 1214C AC/DC/Relay 使用交流电源供电、继电器输出，外部电路如图 6-9 所示。其中的①是 DC24V 传感器电源输出。

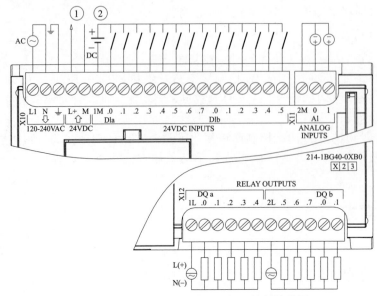

图 6-9　CPU 1214C AC/DC/Relay 外部接线图

　　所有的输入点用同一个电源供电。L＋和 M 端子分别是 CPU 模块提供的 DC24V 电源的正极和负极。可以用该电源作输入电路的电源。10 个输出点 DQa.0～DQb.1 分为两组，1L 和 2L 分别是两组输出点内部电路的公共端。可将 1L 和 2L 短接，将两组输出合并为一组。

　　PLC 的交流电源接在 L1（相线）和 N（零线）端，此外还有标记为保护的接地端子。

2. 直流供电接线

　　CPU 1214C DC/DC/Relay 使用直流电源供电、继电器输出，外部电路如图 6-10 所示。

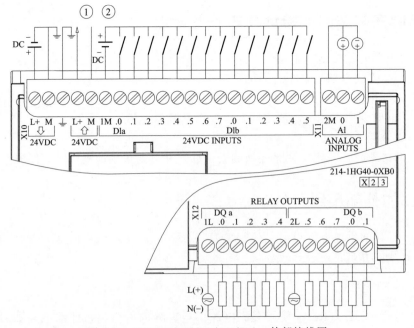

图 6-10　CPU 1214C DC/DC/Relay 外部接线图

四、数字量输入接线

数字量输入类型有源型和漏型两种。S7-1200 PLC 集成的输入点和信号模板的所有输入点都既支持漏型输入又支持源型输入，而信号板的输入点只支持源型输入或者漏型输入的一种。

对于直流有源输入信号，一般都是 5V、12V、24V 等。而 PLC 输入模块输入点的最大电压范围是 30V，但和其他无源开关量信号以及其他来源的直流电压信号混合接入 PLC 输入点时，一定注意电压的 0V 点一定要连接。

※注意：PLC 的直流电源的容量无法支持过多的负载或者外部检测设备的电源不能使用 24V 电源，而必须是 5V、12V 等。在这种情况下，就必须设计外部电源，为这些设备提供电源（这些设备输出的信号电压也可能不同）。

五、数字量输出接线

数字量输出分为晶体管输出和继电器输出两种，继电器输出形式的 DO 负载能力较强（能驱动接触器等），响应相对较慢，其接线示意图如图 6-8 所示。

晶体管输出形式的 DO 负载能力较弱（小型的指示灯、小型继电器线圈等），响应相对较快，其接线示意图如图 6-11 所示。

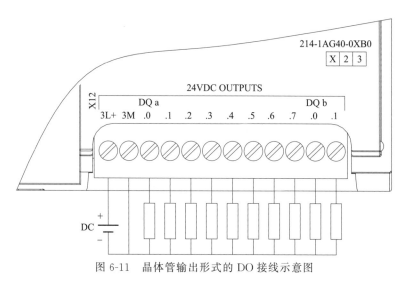

图 6-11　晶体管输出形式的 DO 接线示意图

S7-1200 PLC 数字量的输出信号类型，只有 200kHz 的信号板输出既支持漏型输出又支持源型输出，其他信号板、信号模块和 CPU 集成的晶体管输出都只支持源型输出。

关于 S7-1200 PLC 数字量输出模块接线的更多详细内容可参考系统手册。

🌐 知识拓展　PLC 系统硬件设计步骤与要求

硬件设计是对系统进行的原理、安装、施工、调试和维修等方面的具体技术设计，设计必须认真、仔细；确保全部图样与技术文件的完整、准确、齐全、系统和统一，并贯彻国际、国内有关标准。

一般来说，PLC 控制系统硬件设计应包括如下内容。

① 明确控制要求后了解被控对象的生产工艺过程并计算输入/输出设备。

② PLC 选型及容量估算。

③ 设计电气原理图和硬件接线图。

④ 根据图样完成接线并进行硬件测试。

其中硬件接线设计包括控制系统主回路设计、控制回路设计、安全电路和 PLC 输入/输出回路等方面的设计；控制柜、操纵台的机械结构设计；控制柜、操纵台的电器元件安装设计；电气连接设计等。需要根据输入/输出设备选择 PLC 机型及输入/输出（I/O）模块，之后设计出 PLC 系统总体配置图，参照具体的 PLC 相关说明书或手册将输入信号与输入点、输出控制信号与输出点一一对应，画出 I/O 接线图，即 PLC 输入/输出电气原理图。

一、计算输入/输出设备

明确控制要求后熟悉被控对象的生产工艺过程，并设计工艺布置图，这一步是系统设计的基础。首先应详细了解被控对象的工艺过程和它对控制系统的要求，各种机械、液压、气动仪表、电气系统之间的关系，系统工作方式（如自动、半自动、手动等），PLC 与系统中其他智能装置之间的关系，人机界面的种类，通信联网的方式，报警的种类与范围，电源停电及紧急情况的处理等。

此阶段，还要选择用户输入设备（按钮、操作开关、限位开关和传感器等）、输出设备（继电器、接触器和信号指示灯等执行元件），以及由输出设备驱动的控制对象（电动机、电磁阀等）。

同时，还应确定哪些信号需要输入给 PLC，哪些负载由 PLC 驱动，并分类统计出各输入量和输出量的性质及数量，是数字量还是模拟量，是直流量还是交流量，以及电压的大小等级，为 PLC 的选型和硬件配置提供依据。

最后，将控制对象和控制功能进行分类，可按信号用途或控制区域进行划分，确定检测设备和控制设备的物理位置，分析每一个检测信号和控制信号的形式、功能、规模和互相之间的关系。信号点确定后，设计出工艺布置图或信号图。

二、PLC 机型选择

随着 PLC 的推广普及，PLC 产品的种类和数量越来越多。近年来，从国外引进的 PLC 产品、国内厂家或自行开发的产品已有几十个系列，上百种型号。PLC 的品种繁多，其结构形式、性能、容量、指令系统、编程方法和价格等各有不同，使用场合也各有侧重。因此，合理选择 PLC 对于提高 PLC 控制系统的技术经济指标起着重要作用。

PLC 机型的选择是在满足控制要求的前提下，保证可靠、维护使用方便以及具有最佳的性能价格比。具体应考虑以下几方面：

1. 性能与任务相适应

对于小型单台、仅需要数字量控制的设备，一般的小型 PLC（如西门子公司的 S7-200 系列、OMRON 公司的 CPM1/CPM2 系列、三菱的 FX 系列等）都可以满足要求。

对于以数字量控制为主，带少量模拟量控制的应用系统，如工业生产中常遇到的温度、压力和流量等连续量的控制，应选用带有 A-D 转换的模拟量输入模块和带 D-A 转换的模拟量输出模块，配接相应的传感器、变送器（对温度控制系统可选用温度传感器直接输入的温度模块）和驱动装置，并选择运算、数据处理功能较强的小型 PLC（如西门子公司的 S7-200 或 S7-300 系列、OMRON 的公司的 CQM1/CQM1H 系列等）。

对于控制比较复杂，控制功能要求更高的工程项目，例如要求实现 PID 运算、闭环控制或通信联网等功能时，可视控制规模及复杂程度，选用中档或高档机（如西门子公司 S7-300 或 S7-400 系列或 S7-1500 系列、OMRON 公司的 CV/CVM1 系列等）。

2. 结构上合理、安装要方便、机型上应统一

按照物理结构，PLC 分为整体式和模块式。整体式每一 I/O 点的平均价格比模块式的便宜，所以人们一般倾向于在小型控制系统中采用整体式 PLC。但是模块式 PLC 的功能扩展方便灵活，I/O 点数的多少、输入点数与输出点数的比例、I/O 模块的种类和块数以及特殊 I/O 模块的使用等方面的选择余地都比整体式 PLC 大得多，维修时更换模块、判断故障范围也很方便。因此，对于较复杂的和要求较高的系统一般应选用模块式 PLC。

根据 I/O 设备距 PLC 之间的距离和分布范围确定 PLC 的安装方式为集中式、远程 I/O 式还是多台 PLC 联网的分布式。

对于一个企业，控制系统设计中应尽量做到机型统一。因为同一机型的 PLC，其模块可互为备用，便于备品备件的采购与管理；其功能及编程方法统一，有利于技术力量的培训、技术水平的提高和功能的开发；其外部设备通用，资源可共享。同一机型 PLC 的另一个好处是，在使用上位计算机对 PLC 进行管理和控制时，通信程序的编制比较方便。这样，容易把控制各独立的多台 PLC 联成一个多级分布式系统，相互通信，集中管理，充分发挥网络通信的优势。

3. 是否满足响应时间的要求

由于现代 PLC 有足够快的速度处理大量的 I/O 数据和解算梯形图逻辑，因此对于大多数应用场合来说，PLC 的响应时间并不是主要的问题。然而，对于某些个别的场合，则要求考虑 PLC 的响应时间。为了减少 PLC 的 I/O 响应延迟时间，可以选用扫描速度高的 PLC，使用高速 I/O 处理这一类功能指令，或选用快速响应模块和中断输入模块。

4. 对联网通信功能的要求

近年来，随着工厂自动化的迅速发展，企业内小到一块温度控制仪表的 RS-485 串行通信、大到一套制造系统的以太网管理层的通信，应该说一般的电气控制产品都有了通信功能。PLC 作为工厂自动化的主要控制器件，大多数产品都具有通信联网能力。选择时应根据需要选择通信方式。

5. 其他特殊要求

考虑被控对象对于模拟量的闭环控制、高速计数、运动控制和人机界面（HMI）等方面的特殊要求，可以选用有相应特殊 I/O 模块的 PLC。对可靠性要求极高的系统，应考虑是否采用冗余控制系统或热备份系统。

三、PLC 容量估算

PLC 的容量指 I/O 点数和用户存储器的存储容量两方面的含义。在选择 PLC 型号时不应盲目追求过高的性能指标，但是在 I/O 点数和存储器容量方面除了要满足控制系统要求外，还应留有余量，以做备用或系统扩展时使用。

1. I/O 点数的确定

PLC 的 I/O 点数的确定以系统实际的输入输出点数为基础确定。在 I/O 点数的确定时，应留有适当余量。通常 I/O 点数可按实际需要的 10%～15% 考虑余量；当 I/O 模块较多时，一般按上述比例留出备用模块。

2. 存储器容量的确定

用户程序占用多少存储容量与许多因素有关，如 I/O 点数、控制要求、运算处理量和程序结构等，因此在程序编制前只能粗略地估算。

3. I/O 模块的选择

在 PLC 控制系统中，为了实现对生产过程的控制，要将对象的各种测量参数，按要求的方式送入 PLC。PLC 经过运算、处理后，再将结果以数字量的形式输出，此时也要把该输出变换为适合于对生产过程进行控制的量。所以，在 PLC 和生产过程之间，必须设置信息的传递和变换装置。这个装置就是输入/输出（I/O）模块。不同的信号形式，需要不同类型的 I/O 模块。对 PLC 来讲，信号形式可分为四类。

（1）数字量输入信号

生产设备或控制系统的许多状态信息，如开关、按钮和继电器的触点等，它们只有两种状态：通或断，对这类信号的拾取需要通过数字量输入模块来实现。输入模块最常见的为 DC 24V 输入，还有 DC 5V、12V、48V，AC115V/220V 等。按公共端接入正负电位不同分为漏型和源型。有的 PLC 既可以源型接线，也可以漏型接线，比如 S7-200。当公共端接入负电位时，就是源型接线；接入正电位时，就是漏型接线。有的 PLC 只能接成其中一种。

（2）数字量输出信号

有许多控制对象，如指示灯的亮和灭、电动机的启动和停止、晶闸管的通和断、阀门的打开和关闭等，对它们的控制只需通过二值逻辑"1"和"0"来实现。这种信号通过数字量输出模块来驱动。数字量输出模块按输出方式不同分为继电器输出型、晶体管输出型和晶闸管输出型等。此外，输出电压值和输出电流值也各有不同。

（3）模拟量输入信号

生产过程的许多参数，如温度、压力、液位和流量都可以通过不同的检测装置转换为相应的模拟量信号，然后再将其转换为数字信号输入 PLC。完成这一任务的就是模拟量输入模块。

（4）模拟量输出信号

生产设备或过程的许多执行机构，往往要求用模拟信号来控制，而 PLC 输出的控制信号是数字量，这就要求有相应的模块将其转换为模拟量。这种模块就是模拟量输出模块。

典型模拟量模块的量程为 $-10\sim+10V$、$0\sim+10V$、$4\sim20mA$ 等，可根据实际需要选用，同时还应考虑其分辨率和转换精度等因素。一些 PLC 制造厂家还提供特殊模拟量输入模块，可用来直接接收低电平信号（如热电阻 RTD、热电偶等信号）。

此外，有些传感器如旋转编码器输出的是一连串的脉冲，并且输出的频率较高（20kHz以上），尽管这些脉冲信号也可算作数字量，但普通数字量输入模块不能正确地检测其值，应选择高速计数模块。

不同的 I/O 模块，其电路和性能不同，它直接影响着 PLC 的应用范围和价格，应该根据实际情况合理选择。

PLC 机型选择完后，输入/输出点数的多少是决定控制系统价格及设计合理性的重要因素，因此在完成同样控制功能的情况下可通过合理设计以简化输入/输出点数。

安全回路是保护负载或控制对象以及防止操作错误或控制失败而进行联锁控制的回路。在直接控制负载的同时，安全保护回路还给 PLC 输入信号，以便于 PLC 进行保护处理。安全回路一般考虑以下几个方面。

① 短路保护。在 PLC 外部输出回路中装上熔断器，进行短路保护。最好在每个负载的回路中都装上熔断器。

② 互锁与联锁措施。除在程序中保证电路的互锁关系，PLC 外部接线中还应该采取硬件的互锁措施，以确保系统安全可靠地运行。

③ 失压保护与紧急停车措施。PLC 外部负载的供电线路应具有失压保护措施，当临时停电再恢复供电时，不按下"启动"按钮，PLC 的外部负载就不能自行启动。这种接线方法的另一个作用是，当特殊情况下需要紧急停机时，按下"急停"按钮就可以切断负载电源，同时"急停"信号输入 PLC。

④ 极限保护。在有些如提升机类，超过限位就有可能产生危险的情况下，设置极限保护，当极限保护动作时直接切断负载电源，同时将信号输入 PLC。

四、设计电气原理图和接线图

电气原理图是系统软件设计、安装与连接设计、系统调试与维修的基础，它完整地体现了系统的设计思想与要求，系统中所使用的任何电器元件以及它们之间的连接要求、主要规格参数等，均在电气原理图上得到了全面、准确、系统的反映，因此，它是电气控制系统最为重要的技术资料。

电气原理图设计应遵循国际、国家或行业的标准与规范。在国外，一般来说，除涉及安全性、可靠性的准则绝不可违背外，对其他方面的要求（如图形符号、元器件代号等的表示方法）通常较灵活，因此，在阅读进口设备图样时应注意。

在 PLC 电气原理图设计中，PLC 的 I/O 连接设计相对来说是系统中最为简单的部分，只需要根据 PLC 输入/输出的类型，按照 PLC 的连接要求进行连接即可。然而，控制系统的 PLC 外围电路设计，往往是影响系统运行安全性、可靠性，决定系统成败的关键，尤其应引起设计者的重视。

控制柜、操纵台的机械结构设计，控制柜、操纵台的电器元件安装设计，电气连接设计等属于安装与连接设计的范畴。设计的目的是用于指导、规范现场生产与施工，为系统安装、调试和维修提供帮助，并提高系统的可靠性与标准化程度。

任务七
TIA 博途软件使用

 任务导入

使用博途编程软件编写如图 7-1 所示的电动机启保停控制程序，并下载到 PLC，然后运行及监控程序。

```
      %I0.0          %I0.1          %I0.2                              %Q0.0
      "启动"         "停止"        "热继电器"                          "输出"
   ───┤ ├────────────┤/├────────────┤ ├──────────────────────────────( )───

      %Q0.0
      "输出"
   ───┤ ├──
```

博途软件

图 7-1　电动机启保停控制程序

知识学习

1. Portal 项目的结构

TIA Portal 提供两种不同的工具视图，即基于项目的项目视图和基于任务的 Portal（门户）视图。在 Portal 视图中，如图 7-2 所示，可以概览自动化项目的所有任务。初学者可以

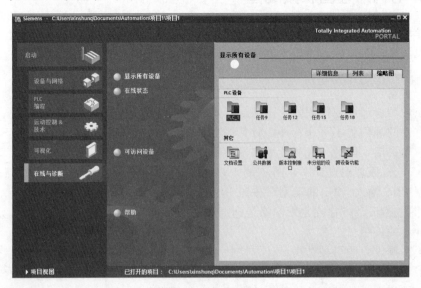

图 7-2　Portal 视图

借助面向任务的用户指南，以及最适合其自动化任务的编辑器来进行工程组态。

安装好 TIA 博途后，双击桌面上的"博途"图标，打开启动画面（即 Portal 视图）。在 Portal 视图中，可以打开现有的项目，创建新项目，打开项目视图中的"设备和网络"视图、程序编辑器和 HMI 的画面编辑器等。因为具体的操作都是在项目视图中完成的，本书主要使用项目视图，如图 7-3 所示。

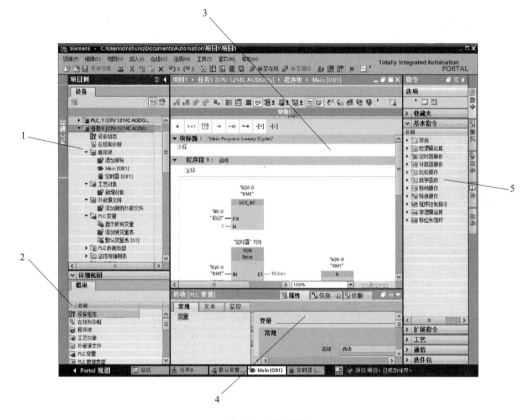

图 7-3 项目视图

菜单和工具栏是大型软件应用的基础，初学时可以新建一个项目，或者打开一个随书光盘中的项目，对菜单和工具栏进行各种操作，通过操作了解菜单中的各种命令和工具栏中各个按钮的使用方法。

菜单中浅灰色的命令和工具栏中浅灰色的按钮表示在当前条件下，不能使用该命令和该按钮。例如在执行了"编辑"菜单中的"复制"命令后，"粘贴"命令才会由浅灰色变为黑色，表示可以执行该命令。下面介绍项目视图各组成部分的功能。

2. 项目树

图 7-3 中标有①的区域为项目树，可以用它访问所有的设备和项目数据，添加新的设备，编辑已有的设备，打开处理项目数据的编辑器。

项目中的各组成部分在项目树中以树型结构显示，分为 4 个层次：项目、设备、文件夹和对象。项目树的使用方式与 Windows 的资源管理器相似。作为每个编辑器的子元件，用文件夹以结构化的方式管理。

3. 详细视图

项目树窗口下面标有②的区域是详细视图，打开项目树中的"PLC 变量"文件夹，选中其中的"默认变量表"，详细视图显示出该变量表中的变量。可以将其中的符号地址拖拽到程序中用红色问号表示的需要设置地址的地址域处。拖拽到已设置的地址上时，原来的地址将会被替换。

4. 工作区

标有③的区域为工作区，可以同时打开几个编辑器，但是一般只能在工作区同时显示一个当前打开的编辑器。在最下面标有⑦的编辑器栏中显示被打开的编辑器，单击它们可以切换工作区显示的编辑器。

5. 巡视窗口

标有④的区域为巡视（Inspector）窗口，用来显示选中的工作区中的对象附加的信息，还可以用巡视窗口来设置对象的属性。巡视窗口有 3 个选项卡。

①"属性"选项卡：用来显示和修改选中的工作区中的对象的属性。巡视窗口中左边的窗口是浏览窗口，选中其中的某个参数组，在右边窗口显示和编辑相应的信息或参数。

②"信息"选项卡：显示所选对象和操作的详细信息，以及编译后的报警信息。

③"诊断"选项卡：显示系统诊断事件和组态的报警事件。

6. 任务卡

标有⑤的区域为任务卡，任务卡的功能与编辑器有关。可以通过任务卡进行进一步或附加的操作。例如从库或硬件目录中选择对象，搜索与替代项目中的对象，将预定义的对象拖拽到工作区。

 任务实施

一、通过 Portal 视图创建一个项目

界面	操作步骤
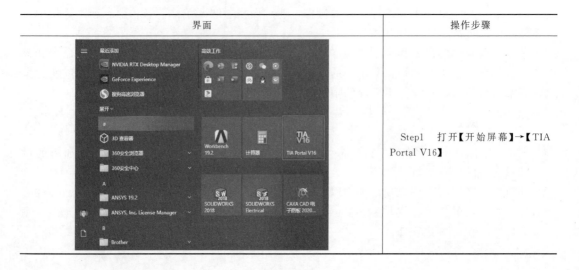	Step1　打开【开始屏幕】→【TIA Portal V16】

续表

界面	操作步骤
	Step2　单击【启动】→【创建新项目】
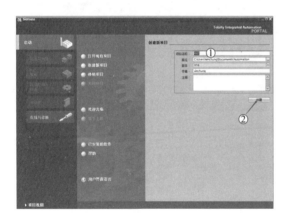	Step3　录入项目名称"RW7"，单击【创建】

二、组态硬件设备

在图7-4中单击【设备与网络】，开始对S7-1200 PLC的硬件进行组态，选择【添加新设备】项，显示"添加新设备"界面，单击"控制器"按钮组态PLC硬件，PLC→SIMAT-IC S7-1200→CPU 1214C，版本4.2，选择对应订货号的CPU，在目录树的右侧将显示选中设备的产品介绍及性能，如果勾选了"打开设备视图"项，单击"添加"按钮，则进入"设备视图"界面。

三、PLC编程

单击左下角的【项目视图】，切换到【项目视图】。

PLC编程

单击项目树中"PLC_1"左侧的"▶"符号，单击"PLC变量"左侧的"▶"符号，双击"添加新变量表"，如图7-5所示。双击"变量表_1"，创建如图7-6所示的变量表。

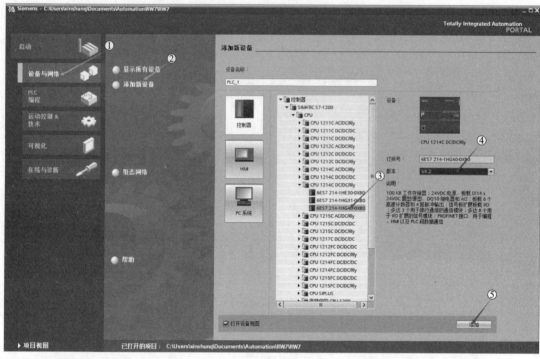

图 7-4　硬件组态

图 7-5　项目树

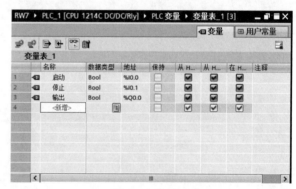

图 7-6　变量表

　　单击项目树中"PLC_1"左侧的"▶"符号，单击"程序块"左侧的"▶"符号，双击"Main［OB1］"，如图 7-7 所示。录入如图 7-8 所示的程序。

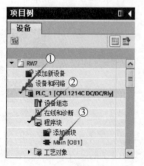

图 7-7　项目树

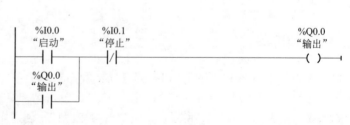

图 7-8　程序

知识拓展　　S7-1200 程序结构

　　S7 编程采用块的概念，即将程序分解为独立的、自成体系的各个部件，块类似于子程序的功能，但类型更多，功能更强大。在工业控制中，程序往往是非常庞大和复杂的，采用块的概念便于大规模程序的设计和理解，还可以设计标准化的块程序进行重复调用，使程序结构清晰明了、修改方便、调试简单。采用块结构显著地增加了 PLC 程序的组织透明性、可理解性和易维护性。

　　S7 程序提供了多种不同类型的块，添加新块弹出对话框如图 7-9 所示；S7 程序有四种不同类型的块，如表 7-1 所示。

程序块

图 7-9　添加新块对话框

表 7-1　用户程序中的块

块	简要描述
组织块（OB）	操作系统与用户程序的接口，决定用户程序的结构
函数块（FB）	用户编写的包含经常使用的功能的子程序，有专用的背景数据块
函数（FC）	用户编写的包含经常使用的功能的子程序，没有专用的背景数据块
背景数据块（DB）	用于保存 FB 的输入、输出参数和静态变量，其数据在编译时自动生成
全局数据块（DB）	存储用户数据的数据区域，供所有的代码块共享

一、组织块（OB）

　　组织块为程序提供结构，它们充当操作系统和用户程序之间的接口。OB 是由事件驱动的，事件（如诊断中断或时间间隔）会使 CPU 执行 OB。某些 OB 预定义了起始事件和行为。

　　程序循环 OB 包含用户主程序。用户程序中可包含多个程序循环 OB。RUN 模式期间，程序循环 OB 以最低优先级等级执行，可被其他事件类型中断。启动 OB 不会中断程序循环

OB，因为 CPU 在进入 RUN 模式之前将先执行启动 OB。

完成程序循环 OB 的处理后，CPU 会立即重新执行程序循环 OB。该循环处理是用于可编程逻辑控制器的"正常"处理类型。对于许多应用来说，整个用户程序位于一个程序循环 OB 中。

可创建其他 OB 以执行特定的功能，如用于处理中断和错误或用于以特定的时间间隔执行特定程序代码。这些 OB 会中断程序循环 OB 的执行。

二、函数（FC）

函数（FC）是通常用于对一组输入值执行特定运算的代码块。FC 将此运算结果存储在存储器位置。例如，可使用 FC 执行标准运算和可重复使用的运算（例如数学计算）或者执行工艺功能（如使用位逻辑运算执行独立的控制）。FC 也可以在程序中的不同位置多次调用。此重复使用简化了对经常重复发生的任务的编程。

FC 不具有相关的背景数据块（DB）。对于用于计算该运算的临时数据，FC 采用了局部数据堆栈，不保存临时数据。要长期存储数据，可将输出值赋给全局存储器位置，如 M 存储器或全局 DB。

三、函数块（FB）

函数块（FB）是使用背景数据块保存其参数和静态数据的代码块。FB 具有位于数据块（DB）或背景 DB 中的变量存储器。背景 DB 提供与 FB 的实例（或调用）关联的一块存储区并在 FB 完成后存储数据。可将不同的背景 DB 与 FB 的不同调用进行关联。通过背景 DB 可使用一个通用 FB 控制多个设备。通过使一个代码块对 FB 和背景 DB 进行调用，来构建程序。然后，CPU 执行该 FB 中的程序代码，并将块参数和静态局部数据存储在背景 DB 中。FB 执行完成后，CPU 会返回到调用该 FB 的代码块中。背景 DB 保留该 FB 实例的值。随后在同一扫描周期或其他扫描周期中调用该功能块时可使用这些值。

1. 可使用的代码块和关联的存储区

用户通常使用 FB 控制在一个扫描周期内未完成其运行的任务或设备的运行。要存储运行参数以便从一个扫描快速访问到下一个扫描，用户程序中的每一个 FB 都具有一个或多个背景 DB。调用 FB 时，也需要指定包含块参数以及用于该调用或 FB "实例"的静态局部数据的背景 DB。FB 完成执行后，背景 DB 将保留这些值。

通过设计用于通用控制任务的 FB，可对多个设备重复使用 FB，方法是：为 FB 的不同调用选择不同的背景 DB。FB 将 Input、Output 和 InOut 以及静态参数存储在背景数据块中。

2. 背景数据块中分配起始值

背景数据块存储每个参数的默认值和起始值。起始值提供在执行 FB 时使用的值。然后可在用户程序执行期间修改起始值。

FB 接口还提供一个"默认值"（Default value）列，使您能够在编写程序代码时为参数分配新的起始值。然后将 FB 中的这个默认值传给关联背景数据块中的起始值。如果不在 FB 接口中为参数分配新的起始值，则将背景数据块中的默认值复制到起始值。

3. 用带多个 DB 的单个 FB

图 7-10 显示了三次调用同一个 FB 的 OB，方法是针对每次调用使用一个不同的数据块。该结构使一个通用 FB 可以控制多个相似的设备（如电机），方法是在每次调用时为各设备分配不同的背景数据块。每个背景 DB 存储单个设备的数据（如速度、加速时间和总运行时间）。

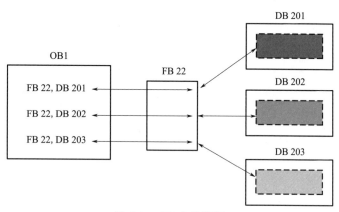

图 7-10　FB 块的调用

在此实例中，FB22 控制三个独立的设备，其中 DB201 用于存储第一个设备的运行数据，DB202 用于存储第二个设备的运行数据，DB203 用于存储第三个设备的运行数据。

四、数据块（DB）

在用户程序中创建数据块（DB）以存储代码块的数据。用户程序中的所有程序块都可访问全局 DB 中的数据，而背景 DB 仅存储特定功能块（FB）的数据。

相关代码块执行完成后，DB 中存储的数据不会被删除。有两种类型的 DB。

全局 DB 存储程序中代码块的数据。任何 OB、FB 或 FC 都可访问全局 DB 中的数据。

背景 DB 存储特定 FB 的数据。背景 DB 中数据的结构反映了 FB 的参数（Input、Output 和 InOut）和静态数据。（FB 的临时存储器不存储在背景 DB 中）

任务八
三相异步电动机连续运行的 PLC 控制

 任务导入

三相异步电动机直接启动的继电接触控制系统如图 8-1 所示，现要改用

PLC 来控制电动机的启停。具体控制要求：当按下启动
按钮 SB2 时，电动机启动并连续运行；当按下停止按
SB1 或热继电器 FR 动作时，电动机停止。

当采用 PLC 控制电动机启停时，必须将按钮的控制
指令送到 PLC 的输入端，经过程序运算，再将 PLC 的输
出去驱动接触器 KM 线圈得电，电动机才能运行。那么，
如何将输入、输出器件与 PLC 连接，PLC 又是如何编写
控制程序的呢？这需要用到 PLC 内部的编程元件输入继
电器 I 和输出继电器 Q。

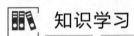

图 8-1　PLC 循环扫描工作过程

一、PLC 的基本工作原理

PLC 采用循环执行用户程序的方式，称为循环扫描工作方式，其运行模式下的扫描过
程如图 8-1 所示。可以看出，当 PLC 上电或者从停止模式转为运行模式时，CPU 执行启动
操作，消除没有保持功能的位存储器、定时器和计数器，清除中断堆栈和块堆栈的内容，复
位保存的硬件中断等。此外还要执行用户可以编写程序的启动组织块，即启动程序，完成用
户设定的初始化操作。然后，进入周期性循环运行。一个扫描过程周期可分为输入采样、程
序执行、输出刷新三个阶段。

1. 输入采样阶段

此阶段 PLC 依次读入所有输入信号的状态和数据，并将它们存入 I/O 映像区中的相应
单元内。输入采样结束后，转入用户程序执行和输出刷新阶段。在这两个阶段中，即使输入
状态和数据发生变化，I/O 映像区中的相应单元的状态和数据也不会改变。因此，如果输入
是脉冲信号，则该脉冲信号的宽度必须大于一个扫描周期，才能保证在任何情况下，该输入
均能被读入。

2. 程序执行阶段

PLC 按照从左到右、从上至下的顺序对用户程序进行扫描，并分别从输入映像区和输
出映像区中获得所需的数据，进行运算、处理后，再将程序执行的结果写入寄存执行结果的
输出映像区中保存。这个结果在程序执行期间可能发生变化，但在整个程序未执行完毕之前
不会送到输出端口。

3. 输出刷新阶段

在执行完用户所有程序后，PLC 将输出映像区中的内容送到寄存输出状态的输出锁存
器中，这一过程称为输出刷新。输出电路要把输出锁存器的信息传送给输出点，再去驱动实
际设备。

由以上导入可以看出 PLC 的工作特点如下。

所有输入信号在程序处理前统一读入，并在程序处理过程中不再变化，而程序处理的结
果也是在扫描周期的最后时段统一输出，将一个连续的过程分解成若干静止的状态，便于面

向对象的思维。

　　PLC仅在扫描周期的起始时段读取外部输入状态，该时段相对较短，抗输入信号串入的干扰极为有利。

　　PLC循环扫描执行输入采样、程序执行、输出刷新"串行"工作方式，这样既可避免继电器、接触器控制系统因"并行"工作方式存在的触点竞争，又可提高PLC的运算速度，这是PLC系统可靠性高、响应快的原因。但是，对于高速变化的过程可能漏掉变化的信号，也会带来系统响应的滞后。为克服上述问题，可利用立即输入输出、脉冲捕获、高速计数器或中断技术等。

　　图8-1所示工作过程是简化的过程，实际的PLC工作流程还要复杂些。除了I/O刷新及运行用户程序外，还要做些公共处理工作，如循环时间监控、外设服务及通信处理等。

　　PLC一个扫描周期的时间是指操作系统执行一次如图8-1所示循环操作所需的时间，包括执行OB中的程序和中断该程序的系统操作时间。循环扫描周期时间与用户程序的长度、指令的种类和CPU执行指令的速度有关系。当用户程序比较大时，指令执行时间在循环时间中占相当大的比例。

　　在PLC处于运行模式时，利用编程软件的监控功能，在"在线和诊断"数据中，可以获得CPU运行的最大循环时间、最小循环时间和上一次的循环时间等。循环时间会由于以下事件而延长：中断处理、诊断和故障处理、测试和调试功能、通信、传送和删除块、压缩用户程序存储器、读/写微存储器卡MMC等。

　　结合PLC的循环扫描工作方式分析图8-2所示的梯形图程序，当按钮I0.0动作后，

(a) 程序一

(b) 程序二

图8-2　梯形图程序

图 8-2(a) 的程序只需要一个扫描周期就可以完成 Q0.0 的输出，而图 8-2(b) 的程序需要四个扫描周期才能输出 Q0.0。

二、S7-1200 PLC 的工作模式

S7-1200 PLC 有以下三种工作模式：STOP（停止）模式、STARTUP（启动）模式和 RUN（运行）模式。CPU 的状态 LED 指示当前工作模式。

在 STOP 模式下，CPU 处理所有通信请求（如果有的话）并执行自诊断，但不执行用户程序，过程映像也不会自动更新。只有在 CPU 处于 STOP 模式时，才能下载项目。

在 STARTUP 模式下，执行一次启动组织块（如果存在的话）。在 RUN 模式的启动阶段，不处理任何中断事件。

在 RUN 模式下，重复执行扫描周期，即重复执行程序循环组织块 OB。中断事件可能会在程序循环阶段的任何点发生并进行处理。处于 RUN 模式下时，无法下载任何项目。

CPU 支持通过暖启动进入 RUN 模式。在暖启动时，所有非保持性系统及用户数据都将被复位为来自装载存储器的初始值，保留保持性用户数据。

可以使用编程软件在项目视图项目树中 CPU 下的"设备配置"属性对话框的"启动"项内指定 CPU 的上电模式及重启动方法等，如图 8-3 所示。通电后，CPU 将执行一系列上电诊断检查和系统初始化操作，然后进入适当的上电模式。检测到的某些错误将阻止 CPU 进入 RUN 模式。CPU 支持以下启动模式。

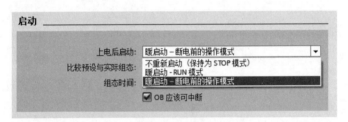

图 8-3　设置 CPU 启动模式

① 不重新启动模式：CPU 保持在停止模式。
② 暖启动-RUN 模式：CPU 暖启动后进入运行模式。
③ 暖启动-断电前的工作模式：CPU 暖启动后进入断电前的模式。

S7-1200 PLC 的运行任务示意图如图 8-4 所示。

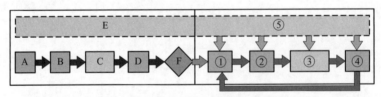

图 8-4　S7-1200 PLC 运行任务示意图

启动过程中，CPU 依次执行以下步骤：A 清除输入映像存储器，B 使用上一个值或替换值对输出执行初始化，C 执行启动 OB，D 将物理输入的状态复制到输入映像存储器，F 启用将输出映像存储器的值写入到物理输出，同时 E 将所有中断事件存储到要在 RUN 模式下处理的队列中。

运行时，依次执行以下步骤。

① 将输出映像存储器写入物理输出。

② 将物理输入的状态复制到输入映像存储器。

③ 执行程序循环 OB。

④ 执行自检诊断。

物质与意识的关系

※**注意：**运行时在扫描周期的任何阶段都可以处理中断和通信。

三、S7-1200 PLC 的存储器

PLC 的操作系统使 PLC 具有基本的智能，能够完成 PLC 设计者规定的各种工作。用户程序由用户设计，它使 PLC 能完成用户要求的特定功能。

1. 物理存储器

（1）随机存取存储器

CPU 可以读出随机存取存储器（RAM）中的数据，也可以将数据写入 RAM。它是易失性的存储器，电源中断后，存储的信息将会丢失。RAM 的工作速度高，价格便宜，改写方便。在关断 PLC 的外部电源后，可以用锂电池保存 RAM 中的用户程序和某些数据。

（2）只读存储器

只读存储器（ROM）的内容只能读出，不能写入。它是非易失的，电源消失后，仍能保存存储的内容，ROM 一般用来存放 PLC 的操作系统。

（3）快闪存储器和可电擦除可编程只读存储器

快闪存储器（Flash EPROM）简称为 FEPROM，可电擦除可编程的只读存储器简称为 EEPROM。它们是非易失性的，可以用编程装置对它们编程，兼有 ROM 的非易失性和 RAM 的随机存取优点，但是将数据写入它们所需的时间比 RAM 长得多。它们用来存放用户程序和断电时需要保存的重要数据。

2. 装载存储器与工作存储器

（1）装载存储器

装载存储器用于非易失性地存储用户程序、数据和组态。项目被下载到 CPU 后，首先存储在装载存储器中。每个 CPU 都具有内部装载存储器。该内部装载存储器的大小取决于所使用的 CPU。该内部装载存储器可以用外部存储卡来替代。如果未插入存储卡，CPU 将使用内部装载存储器；如果插入了存储卡，CPU 将使用该存储卡作为装载存储器。但是，可使用的外部装载存储器的大小不能超过内部装载存储器的大小，即使插入的存储卡有更多空闲空间。该非易失性存储区能够在断电后继续保持。

（2）工作存储器

工作存储器是集成在 CPU 中的高速存取的 RAM，是易失性存储器。为了提高运行速度，CPU 将用户程序中的代码块和数据块保存在工作存储器。CPU 会将一些项目内容从装载存储器复制到工作存储器中。该易失性存储区将在断电后丢失，而在恢复供电时由 CPU 恢复。

3. 系统存储器

系统存储器是 CPU 为用户程序提供的存储器组件，被划分为若干个地址区域。使用指令可以在相应的地址区内对数据直接进行寻址。系统存储器用于存放用户程序的操作数据，例如过程映像输入/输出、位存储器、数据块、局部数据、I/O 输入输出区域和诊断缓冲区等。

S7-1200 PLC 的 CPU 的系统存储器分为表 8-1 所示的地址区。在用户程序中使用相应的指令可以在相应的地址区直接对数据进行寻址。

表 8-1　系统存储器的地址区

地址区	说明
输入过程映像 I	输入映像区的每一位对应一个数字量输入点,在每个扫描周期的开始阶段,CPU 对输入点进行采样,并将采样值存于输入映像寄存器中。CPU 在本周期接下来的各阶段不再改变输入过程映像寄存器中的值,直到下一个扫描周期的输入处理阶段进行更新
输出过程映像 Q	输出映像区的每一位对应一个数字量输出点,在扫描周期最开始,CPU 将输出映像寄存器的数据传送给输出模块,再由后者驱动外部负载
位存储区 M	用来保存控制继电器的中间操作状态或其他控制信息
数据块 DB	在程序执行的过程中存放中间结果,或用来保存与工序或任务有关的其他数据。可以对其进行定义以便所有程序块都可以访问它们(全局数据块),也可将其分配给特定的 FB 或 SFB(背景数据块)
局部数据 L	可以作为暂时存储器或给子程序传递参数,局部变量只在本单元有效
I/O 输入区域	I/O 输入区域允许直接访问集中式和分布式输入模块
I/O 输出区域	I/O 输出区域允许直接访问集中式和分布式输出模块

表 8-1 中，通过外设 I/O 存储区域，可以不经过过程映像输入和过程映像输出直接访问输入模块和输出模块。注意不能以位（bit）为单位访问外设 I/O 存储区，只能以字节、字和双字为单位访问。临时存储器即局域数据（L 堆栈），用来存储程序块被调用时的临时数据。访问局域数据比访问数据块中的数据更快。用户生成块时，可以声明临时变量（TEMP），它们只在执行该块时有效，执行完后就被覆盖了。

另外，还可以组态保持性存储器，用于非易失性地存储限量的工作存储器值。保持性存储区用于在断电时存储所选用户存储单元的值。发生掉电时，CPU 留出了足够的缓冲时间来保存几个有限的指定单元的值，这些保持性值随后在上电时进行恢复。

S7-1200 PLC 存储器的保持性如表 8-2 所示。

表 8-2　S7-1200 PLC 存储器的保持性

存储器	说明	强制	保持性
I 过程映像输入	在扫描周期开始时从物理输入复制	否	否
I_:P 物理输入	立即读取 CPU、SB 和 SM 上的物理输入点	是	否
Q 过程映像输出	在扫描周期开始时复制到物理输出	无	否
Q_:P 物理输出	立即写入 CPU、SB 和 SM 的物理输出点	是	否

续表

存储器	说明	强制	保持性
M 位存储器	控制和数据存储器	否	是
L 临时存储器	存储块的临时数据,这些数据仅在该块的本地范围内有效	否	否
DB 数据库	数据存储器,同时也是 FB 的参数存储器	否	是

 任务实施

一、分配 I/O 地址

根据电动机直接启动的控制要求可知：输入信号有启动按钮 SB2、停止按钮 SB1 和热继电器的触点 FR；输出信号有接触器的线圈 KM。确定它们与 PLC 中的输入继电器和输出继电器的对应关系，可得 PLC 控制系统的 I/O 端口地址分配如下。

输入信号：启动按钮 SB1——I0.0；

停止按钮 SB2——I0.1；

热继电器 FR——I0.2。

输出信号：接触器线圈 KM——Q0.0。

根据 PLC 的 I/O 分配，可以设计出电动机自锁控制的 I/O 接线图如图 8-5 所示。

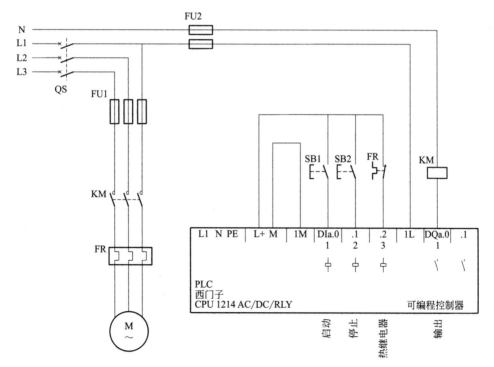

图 8-5　控制系统电气原理图

二、程序设计

在编制 PLC 控制的梯形图时，要特别注意输入常闭触点的处理问题。有一些输入设备只能接常闭触点（如热继电器触点），在梯形图中应该怎样处理这些触点呢？下面就以电动机的启停控制电路来分析。

① PLC 外部的输入触点既可以接常开触点，也可以接常闭触点。若输入为常闭触点，则梯形图中触点的状态与继电接触原理图采用的触点相反。若输入为常开触点，则梯形图中触点的状态与继电接触原理图中采用的触点相同。

② 教学中 PLC 的输入触点经常使用常开触点，便于进行原理分析。但在实际控制中，停止按钮、限位开关及热继电器等要使用常闭触点，以提高安全保障。参考程序图 8-6 所示。

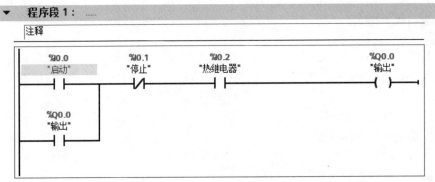

图 8-6　参考程序

③ 为了节省成本，应尽量少占用 PLC 的 I/O 点数，因此有时也将热继电器的常闭触点 FR 串接在其他常闭输入或负载输出回路中，如可以将 FR 的常闭触点停止按钮 SB1 串联在一起，再接到 PLC 的输入端子 I0.1 上。

三、接线时的注意事项

① 要认真核对 PLC 的电源规格。CPU 1214 AC/DC/Relay 的工作电源是 AC85～264V。交流电源要接于专用端子上，否则会烧坏 PLC。

② PLC 的直流电源输出端 24V＋，为外部传感器供电，该端不能接外部直流电源。

③ PLC 不要与电动机公共接地。

④ 输出端子接线时需注意对于继电器输出型 PLC，既可以接交流负载，也可以接直流在此例中，PLC 只有一个输出连接到接触器的线圈 KM 上。

四、操作步骤

① 按照电气原理图所示将主电路和 PLC 的 1/O 接线图连接起来。

② 用网线将装有博途编程软件的上位机的以太网卡与 PLC 的网口连接起来。

③ 接通电源，PLC 电源指示灯（POWER）亮，说明 PLC 已通电。将 PLC 的工作方式开关扳到 STOP 位置，使 PLC 处于编程状态。

④ 用编程软件将图 8-6 所示的参考程序下载到 PLC 中。

⑤ PLC 上热继电器触点接入的输入指示灯 I0.2 应点亮，表示输入继电器 I0.2 被热继电器 FR 的常闭触点接通。若指示灯 I0.2 不亮，说明热继电器 FR 的常闭触点断开，热继电器已过载保护。

⑥ 调试运行。程序输入完毕后，对照电气原理图，按下启动按钮 SB2，输入继电器 I0.0 通电，PLC 的输出指示灯 Q0.0 亮，接触器 KM 吸合，电动机旋转。按下停止按钮 SB1，输入继电器 I0.1 得电，I0.1 的常闭触点断开，Q0.0 失电，接触器 KM 释放，电动机停止转动。

在调试中，常见的故障现象如下。

a. 检查 PLC 的输出指示灯是否动作，若输出指示灯不亮，说明程序错误；若输出指示灯亮，说明故障在 PLC 的外围电路中。

b. 检查 PLC 的输出回路，先确认输出回路有无电压，若有电压，查看熔断器是否熔断；若没有熔断，查看接触器的线圈是否断线。

c. 若接触器吸合而电动机不转，查看主电路中熔断器是否熔断；若没有熔断，查看三相电压是否正常；若电压正常，查看热继电器动作后是否复位，3 个热元件是否断路；若热继电器完好，查看电动机是否断路。

⑦ 监控运行。在博途软件中单击"在线"就可以监控 PLC 的程序运行过程。其中，"蓝色"表明该触点闭合或该线圈通电；没有"蓝色"表明该触点断开或线圈失电。

知识拓展　数据格式与数据类型

数据在用户程序中以变量形式存储，且是唯一的。根据访问方式的不同，变量分为全局变量和局部变量。全局变量在全局符号表或全局数据块中声明，局部变量在 OB、FC 和 FB 的变量声明表中声明。当块被执行时，变量永久地存储在过程映像区、位存储器区或数据块，或者它们动态地建立在局部堆栈中。

数据类型决定了数据的属性，如要表示元素的相关地址及其值的允许范围等，数据类型也决定了所采用的操作数。S7-1200 PLC 中使用下列数据类型。

① 基本数据类型。

② 复杂数据类型，通过链接基本数据类型构成。

③ 参数类型，使用该类型可以定义要传送到功能 FC 或功能块 FB 的参数。

④ 由系统提供的系统数据类型，其结构是预定义的并且不可编辑。

⑤ 由 CPU 提供的硬件数据类型。

一、数制

1. 二进制数

二进制数的一位（bit）只有 0 和 1 两种不同的取值，可用来表示开关量（或称数字量）的两种不同的状态，如触点的断开和接通，线圈的通电和断电等。如果该位为 1，则正逻辑情况下表示梯形图中对应的编程元件的线圈"通电"，其常开触点接通，常闭触点断开，反之相反。二进制常数用 2# 表示，如 2#1111 _ 0110 _ 1001 _ 0001 是一个 16 位二进制常数。

2. 十六进制数

十六进制数的 16 个数字是由 0~9 这 10 个数字以及 A、B、C、D、E、F（对应于十进制数 10~15）6 个字母构成的，其运算规则为逢十六进一，在 SIMATIC 中 B♯16♯、W♯16♯DW♯16♯分别用来表示十六进制字节、十六进制字和十六进制双字常数，例如 W♯16♯2C3F。在数字后面加 "H" 也可以表示十六进制数，例如 16♯2C3F 可以表示为 2C3FH。

十六进制与十进制的转换按照其运算规则进行，例如 B♯16♯1F=1×16+15=31；十进制转换为十六进制则采用除 16 方法，例如 1234=4×16+13×16+2=4D2H。十六进制与二进制的转换则注意十六进制中每个数字占二进制数的 4 位就可以了，例如 4D2H=0100_1101_0010。

3. BCD 码

BCD 码是将一个十进制数的每一位都用 4 位二进制数表示，即 0~9 分别用 0000~1001 表示，而剩余 6 种组合（1010~1111）则没有在 BCD 码中使用。

BCD 码的最高 4 位二进制数用来表示符号，16 位 BCD 码字的范围为 -999~999。32 位 BCD 码双字的范围为 -9999999~9999999。

BCD 码实际上是十六进制数，但是各位之间的关系是逢十进一。十进制数可以很方便地转换为 BCD 码，例如十进制数 296 对应的 BCD 码为 W♯16♯296 或 2♯0000_0010_1001_0110。

二、数据类型

数据类型用来描述数据的长度（即二进制的位数）和属性。

很多指令和代码块的参数支持多种数据类型。将鼠标的光标放在某条指令某个参数的地址域上，过一会儿在出现的黄色背景的小方框中，可以看到该参数支持的数据类型。

不同的任务使用不同长度的数据对象，例如位逻辑指令使用位数据，MOVE 指令使用字节、字和双字。字节、字和双字分别由 8 位、16 位和 32 位二进制数组成。

由表 8-3 可以看出，基本数据的类型主要有以下几种。

① 布尔型数据类型。布尔型数据类型是 "位"，可被赋予 "0" 或者 "1"，占用 1 位存储空间。

② 整型数据类型。整型数据类型可以是 Byte、Word、Dword、Sint、USInt、Int、uint、DInt 及 UDInt 等。注意，当较长的数据类型转换为较短的数据类型时，会丢失高位信息。

③ 实型数据类型。实型数据类型主要包括 32 位浮点数。Real 是浮点数，用于显示有理数，可以显示十进制数据，包括小数部分，也可以被描述成指数形式，其中，Real 是 32 位浮点数。

④ 字符型数据类型。字符型数据类型主要是 Char，占用 8 位，用于输入字符。

⑤ 时间型数据类型。时间型数据类型主要是 Time，用于输入时间数据。

表 8-3　数据类型、长度及范围

类型	符号	位数	取值范围	常数举例
布尔型	Bool	1	0~1	TRUE,FALSE,0,1

续表

类型	符号	位数	取值范围	常数举例
整型	Byte	8	1600～16#FF	16#12,16#AB
	Word	16	16#0000～16#FFFF	16#ABCD,16#0001
	DWord	32	16#0000000～16#FFFFFFFF	16#02468ACE
	Sint	8	−128～127	123,−123
	Int	16	−32768～32767	123,−123
	Dint	32	−2147483648～2147483647	123,−123
	USint	8	0～255	123
	Uint	16	0～65535	123
	UDint	32	0～4294967295	123
实型	Real	32	$+/-1.18\times10-38\sim+/-3.40\times10-38$	123.456,−3.4,−1.2E+12
	LReal	64	$+/-2.23\times10-308\sim+/-1.79\times10-308$	12345.123456789,−1.2E+40
字符型	Char	8	16#00～16#FF	"A","t"
时间型	Time	32	T#−24d_20h_31m_23s_648ms～ T#24d_20h_31m_23s_647ms	T#5m_30s,T#−2d,

三、系统数据类型

系统数据类型（SDT）由系统提供并具有预定义的结构。系统数据类型的结构由固定数目的可具有各种数据类型的元素构成。不能更改系统数据类型的结构。系统数据类型只能用于特定指令。表 8-4 给出了可用的系统数据类型及其用途。

表 8-4　系统数据类型及其用途

系统数据类型	以字节为单位 的结构长度	描述
IEC_TIMER	16	定时器结构 此数据类型用于"TP""TOF""TON"和"TONR"指令
IEC_SCOUNTER	3	计数器结构，其计数为 SINT 数据类型 此数据类型用于"CTU""CTD"和"CTUD"指令
IEC_USCOUNTER	3	计数器结构，其计数为 INT 数据类型 此数据类型用于"CTU""CTD"和"CTUD"指令
IEC_COUNTER	6	计数器结构，其计数为 UINT 数据类型 此数据类型用于"CTU""CTD"和"CTUD"指令
IEC_UCOUNTER	6	计数器结构，其计数为 DINT 数据类型 此数据类型用于"CTU""CTD"和"CTUD"指令
IEC_DCOUNTER	12	计数器结构，其计数为 UDINT 数据类型 此数据类型用于"CTU""CTD"和"CTUD"指令

续表

系统数据类型	以字节为单位的结构长度	描述
IEC_UDCOUNTER	12	计数器结构,其计数为 USINT 数据类型 此数据类型用于"CTU""CTD"和"CTUD"指令

四、寻址

在 S7-1200 系列中,寻址方式分为两种:直接寻址和间接寻址。直接寻址方式是指在指令中直接使用存储器或寄存器的元件名称和地址编号,直接查找数据。间接寻址是指使用地址指针来存取存储器中的数据,使用前,首先将数据所在单元的内存地址放入地址指针寄存器中,然后根据此地址存取数据。本节仅介绍直接寻址。

直接寻址时,操作数的地址应按规定的格式表示。指令中数据类型应与指令相符匹配。

在 S7-1200 系列中,可以按位、字节、字和双字对存储单元进行寻址。寻址时,数据地址以代表存储区类型的字母开始,随后是表示数据长度的标记,然后是存储单元编对于按位寻址,还需要在分隔符后指定位编号。

在表示数据长度时,分别用 B、W、D 字母作为字节、字和双字的标识符。

(1) 位寻址

位寻址是指按位对存储单元进行寻址,位寻址也称为字节。位寻址,一个字节占有 8 个位。位寻址时,一般将该位看作是一个独立的软元件,像一个继电器一样,看作它有线圈及常开、常闭触点,且当该位置 1 时,即线圈"得电"时,常开触点接通,常闭触点断开。由于取用这类元件的触点只是访问该位的"状态",所以可以认为这些元件的触点有无数多对字节。位寻址一般用来表示"开关量"或"逻辑量"。

每个存储单元都有唯一的地址。用户程序利用这些地址访问存储单元中的信息。图 8-11 说明了如何访问一个位(也称为"字节 . 位"寻址)。在此实例中,存储区和字节地址(M = 继电器,而 3 = 字节 3)通过后面的句点(.)与位地址(位 4)分开。根据 IEC61131-3 标准,直接变量由百分数符号%开始,随后是位置前缀符号。如果有分级,则用整数表示分级,并用由小数点符号"."分隔的无符号整数表示直接变量。

如%13.2,首位字母表示存储器的标识符,1 表示输入过程映像区,如图 8-7 所示。

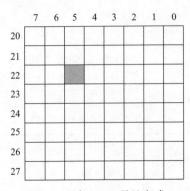

图 8-7 %M22.5 寻址方式

（2）字节寻址（8bit）

字节寻址由存储区标识符、字节标识符和字节地址组合而成。如字节寻址的格式：［区域标识］［字节标识符］.［字节地址］

（3）字寻址（16bit）

字寻址由存储区标识符、字标识符及字节起始地址组合而成。如图8-8所示。

字寻址的格式：［区域标识］［字标识符］.［字节起始地址］

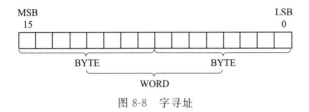

图8-8　字寻址

（4）双字寻址（32bit）

双字寻址由存储区标识符、双字标识符及字节起始地址组合而成。如图8-9所示。

双字寻址的格式：［区域标识］［双字标识符］.［字节起始地址］

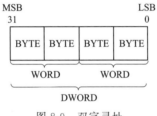

图8-9　双字寻址

项目三

PLC基本指令
及其应用

◉ 能力目标

◎ 能熟练运用 PLC 的基本逻
辑指令编写简单的 PLC
程序。

◎ 熟练操作博途编程软件，
完成程序的编写、下载、
监测等操作，并对 PLC 程
序进行调试、运行。

◉ 知识目标

◎ 掌握 S7-1200 系列 PLC 的
基本逻辑指令系统。

◎ 掌握梯形图和指令表程序
设计的基本方法。

◎ 掌握梯形图的编程规则和
编程技巧。

任务九
楼梯照明控制程序设计

任务导入

　　楼上和楼下分别有两个开关 LS1 和 LS2，它们共同控制灯 LP1 和 LP2 的点亮和熄灭。在楼下，按 LS2 开关，可以把灯点亮，当上到楼上时，按 LS1 开关可以将灯熄灭，反之亦然。

知识学习

一、PLC 编程语言的国际标准

尺有所短，寸有所长

　　IEC 61131 是 IEC（国际电工委员会）制定的 PLC 标准，其中的第三部分 IEC 61131-3 是 PLC 的编程语言标准。IEC 61131-3 是世界上第一个，也是至今为止唯一的工业控制系统的编程语言标准。

　　目前已有越来越多的生产 PLC 的厂家提供符合 IEC 61131-3 标准的产品，IEC 61131-3 已经成为各种工控产品事实上的软件标准。

　　IEC 61131-3 详细地说明了句法、语义和下述 5 种编程语言。

　　① 指令表（Instruction List，IL）。

　　② 结构文本（Structured Text），S7-1200 为 S7-SCL（结构化控制语言）。

　　③ 梯形图（Ladder Diagram，LD），西门子 PLC 简称为 LAD。

　　④ 函数块图（Function Block Diagram，FBD）。

编程语言

　　⑤ 顺序功能图（Sequential Function Chart，SFC）。

　　S7-1200 使用梯形图 LAD、函数块图 FBD 和结构化控制语言 SCL 这三种编程语言。

1. 梯形图 LAD

　　梯形图（LAD）是使用得最多的 PLC 图形编程语言。梯形图与继电器电路图很相似，具有直观易懂的优点，很容易被工厂熟悉继电器控制的电气人员掌握，特别适合于数字量逻辑控制。有时把梯形图称为电路或程序。

　　梯形图由触点、线圈和用方框表示的指令框组成。触点代表逻辑输入条件，例如外部的开关、按钮和内部条件等。线圈通常代表逻辑运算的结果，常用来控制外部的负载和内部的标志位等。指令框用来表示定时器、计数器或者数学运算等指令。

　　触点和线圈等组成的电路称为程序段，英语名称为 Network（网络），STEP7 自动地为程序段编号。单击编辑器工具栏上的三按钮，可以显示或关闭程序段的注释。

　　在分析梯形图的逻辑关系时，为了借用继电器电路图的分析方法，可以想象在梯形图的左右两侧垂直"电源线"之间有一个左正右负的直流电源电压,当图 9-1 中 I0.0 与 I0.1 的触点同时接通,或 Q0.0 与 I0.1 的触点同时接通时,有一个假想的"能流"(Power Flow)流过 Q0.0 的线圈。利用能流这一概念,可以借用继电器电路的术语和分析方法,帮助我们更好地理解和分析梯形图。能流只能从左往右流动。

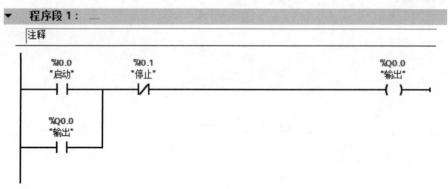

图 9-1　梯形图

程序段内的逻辑运算按从左往右的方向执行,与能流的方向一致。如果没有跳转指令,程序段之间按从上到下的顺序执行,执行完所有的程序段后,下一次扫描循环返回最上面的程序段 1,重新开始执行。

2. 函数块图 FBD

函数块图(FBD)使用类似于数字电路的图形逻辑符号来表示控制逻辑,有数字电路基础的人很容易掌握。国内很少有人使用函数块图语言。

图 9-2 是图 9-1 中的梯形图对应的函数块图,图 9-2 同时显示绝对地址和符号地址。

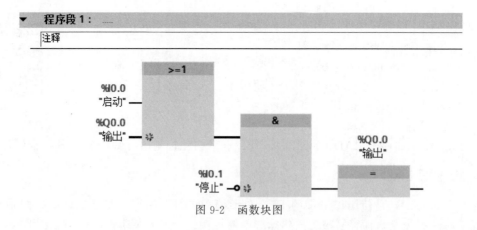

图 9-2　函数块图

在函数块图中,用类似于与门(带有符号"&")、或门(带有符号">=1")的方框来表示逻辑运算关系,方框的左边为逻辑运算的输入变量,右边为输出变量,输入、输出端的小圆圈表示"非"运算,方框被"导线"连接在一起,信号自左向右流动。指令框用来表示一些复杂的功能,例如数学运算等。

3. 结构化控制语言 SCL

SCL(Structured Control Language,结构化控制语言)是一种基于 PASCAL 的高级编

程语言。这种语言基于 IEC 1131-3 标准。SCL 除了包含 PLC 的典型元素（例如输入、输出、定时器或位存储器）外，还包含高级编程语言中的表达式、赋值运算和运算符。SCL 提供了简便的指令进行程序控制。例如创建程序分支、循环或跳转。SCL 尤其适用于一些应用领域：数据管理、过程优化、配方管理和数学计算、统计任务。

4. 编程语言的切换

用鼠标右键单击项目树中 PLC 的"程序块"文件夹中的某个代码块，选中快捷菜单中的"切换编程语言"，LAD 和 FDB 语言可以相互切换。只能在"添加新块"对话框中选择 SCL 语言。

二、位逻辑指令

使用 LAD 和 FBD 处理布尔逻辑非常高效。SCL 不但非常适合处理复杂的数学计算和项目控制结构，而且也可以使用 SCL 处理布尔逻辑。

1. LAD 的基本逻辑指令

在赋的位值为 1 时，常开触点将闭合（ON）；在赋的位值为 0 时，常闭触点将闭合（ON）；以串联方式连接的触点创建 AND 逻辑程序段；以并联方式连接的触点创建 OR 逻辑程序段，使用说明如表 9-1 所示。

表 9-1　LAD 触点

LAD	说明
"IN"　—| |—	常开触点和常闭触点：可将触点相互连接并创建用户自己的组合逻辑。如果用户指定的输入位使用存储器标识符 I（输入）或 Q（输出），则从过程映像寄存器中读取位值。控制过程中的物理触点信号会连接到 PLC 上的 I 端子。CPU 扫描已连接的输入信号并持续更新过程映像输入寄存器中的相应状态值
"IN"　—|／|—	通过在 I 偏移量后加上"：P"（例如："%I3.4：P"），可执行立即读取物理输入。对于立即读取，直接从物理输入读取位数据值，而非从过程映像中读取。立即读取不会更新过程映像
—| NOT |—	触点取反能流输入的逻辑状态 ● 如果没有能流流入 NOT 触点，则会有能流流出 ● 如果有能流流入 NOT 触点，则没有能流流出

2. FBD 的 AND、OR 和 XOR 功能框

在 FBD 编程中，LAD 触点程序段变为与（&）、或（＞＝1）和异或（x）功能框程序段，可在其中为功能框输入和输出指定位值。也可以连接到其他逻辑框并创建用户自己的逻辑组合。在程序段中放置功能框后，可从"收藏夹"（Favorites）工具栏或指令树中拖动"插入输入"（Insert input）工具，然后将其放置在功能框的输入侧以添加更多输入。也可以右键单击功能框输入连接器并选择"插入输入"（Insert input），使用说明如表 9-2 所示。

功能框输入和输出可连接到其他逻辑框，也可输入未连接输入的位地址或位符号名称。执行功能框指令时，当前输入状态会应用到二进制功能框逻辑，如果为真，功能框输出将为真。

表 9-2　AND、OR、XOR 功能框

FBD	SCL	说明
& "IN1" "IN2"	out：＝in1 AND in2；	AND 功能框的所有输入必须都为"真"，输出才为"真"
>=1 "IN1" "IN2"	out：＝in1 OR in2；	OR 功能框只要有一个输入为"真"，输出就为"真"
X "IN1" "IN2"	out：＝in1 XOR in2；	OR 功能框只要有一个输入为"真"，输出就为"真"

3. NOT 逻辑反相器

NOT 逻辑反相器的使用说明如表 9-3 所示。

表 9-3　取反 RLO（逻辑运算结果）

FBD	说明
?? ···○IN　　OUT○	对于 FBD 编程，可从"收藏夹"（Favorites）工具栏或指令树中拖动"取反逻辑运算结果"（Invert RLO）工具，然后将其放置在输入或输出端以在该功能框连接器上创建逻辑反相器

4. 输出线圈和赋值功能框

线圈输出指令写入输出位的值。如果用户指定的输出位使用存储器标识符 Q，则 CPU 接通或断开过程映像寄存器中的输出位，同时将指定的位设置为等于能流状态。控制执行器的输出信号连接到 CPU 的 Q 端子。在 RUN 模式下，CPU 系统将连续扫描输入信号，并根据程序逻辑处理输入状态，然后通过在过程映像输出寄存器中设置新的输出状态值进行响应。CPU 系统会将存储在过程映像寄存器中的新的输出状态响应传送到已连接的输出端子。赋值和赋值取反指令说明如表 9-4 所示。

表 9-4　赋值和赋值取反

LAD	FBD	SCL	说明
"OUT" ——（ ）——	"OUT" ＝	out：＝＜布尔表达式＞；	在 FBD 程序中，LAD 线圈变为分配（＝和／＝）功能框，可在其中为功能框输出指定位地址。功能框输入和输出可连接到其他功能框逻辑，用户也可以输入位地址

续表

LAD	FBD	SCL	说明
"OUT" ——(/)——	"OUT" /= "OUT" =	out:＝NOT＜布尔表达式＞;	通过在 Q 偏移量后加上":P"(例如:"%Q3.4:P"),可指定立即写入物理输出。对于立即写入,将位数据值写入过程映像输出并直接写入物理输出

三、置位/复位指令

　　S（Set，置位输出）指令将指定的位操作数置位（变为 1 状态并保持）。R（Reset，复位输出）指令将指定的位操作数复位（变为状态并保持）。如果同一操作数的 S 线圈和 R 线圈同时断电（线圈输入端的 RLO 为"0"），则指定操作数的信号状态保持不变。

　　置位输出指令与复位输出指令最主要的特点是有记忆和保持功能。如果图 9-3 中 I0.0 的常开触点闭合，Q0.0 变为 1 状态并保持该状态。即使 I0.0 的常开触点断开，Q0.0 也仍然保持 1 状态。I0.1 的常开触点闭合时，Q0.0 变为 0 状态并保持该状态，即使 I0.1 的常开触点断开，Q0.0 也仍然保持为 0 状态。

图 9-3　置位、复位指令的梯形图指令

　　图 9-4 为置位、复位指令的功能块图格式。显示梯形图更容易理解，而功能块图程序更加简洁。

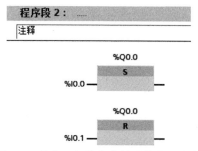

图 9-4　置位、复位指令的功能块图指令

四、边沿指令

　　S7-1200 PLC 提供多种边沿指令，如表 9-5 所示。根据控制要求及使用习惯进行选择使用。

表 9-5 边沿指令

LAD	FBD	说明
"IN" ⊣ P ⊢ "M_BIT"	"IN" P "M_BIT"	扫描操作数的信号上升沿 LAD：在分配的"IN"位上检测到正跳变（断到通）时，该触点的状态为 TRUE。该触点逻辑状态随后与能流输入状态组合以设置能流输出状态。P 触点可以放置在程序段中除分支结尾外的任何位置 FBD：在分配的输入位上检测到正跳变（关到开）时，输出逻辑状态为 TRUE。P 功能框只能放置在分支的开头
"IN" ⊣ N ⊢ "M_BIT"	"IN" N "M_BIT"	扫描操作数的信号下降沿 LAD：在分配的输入位上检测到负跳变（开到关）时，该触点的状态为 TRUE。该触点逻辑状态随后与能流输入状态组合以设置能流输出状态。N 触点可以放置在程序段中除分支结尾外的任何位置 FBD：在分配的输入位上检测到负跳变（开到关）时，输出逻辑状态为 TRUE。N 功能框只能放置在分支的开头
"OUT" —(P)— "M_BIT"	"OUT" P= "M_BIT"	在信号上升沿置位操作数 LAD：在进入线圈的能流中检测到正跳变（关到开）时，分配的位"OUT"为 TRUE。能流输入状态总是通过线圈后变为能流输出状态。P 线圈可以放置在程序段中的任何位置 FBD：在功能框输入连接的逻辑状态中或输入位赋值中（如果该功能框位于分支开头）检测到正跳变（关到开）时，分配的位"OUT"为 TRUE。输入逻辑状态总是通过功能框后变为输出逻辑状态。P=功能框可以放置在分支中的任何位置
"OUT" —(N)— "M_BIT"	"OUT" N= "M_BIT"	在信号下降沿置位操作数 LAD：在进入线圈的能流中检测到负跳变（开到关）时，分配的位"OUT"为 TRUE。能流输入状态总是通过线圈后变为能流输出状态。N 线圈可以放置在程序段中的任何位置 FBD：在功能框输入连接的逻辑状态中或在输入位赋值中（如果该功能框位于分支开头）检测到负跳变（通到断）时，分配的位"OUT"为 TRUE。输入逻辑状态总是通过功能框后变为输出逻辑状态。N=功能框可以放置在分支中的任何位置
P_TRIG —CLK　Q— "M_BIT"		扫描 RLO（逻辑运算结果）的信号上升沿 在 CLK 输入状态（FBD）或 CLK 能流输入（LAD）中检测到正跳变（断到通）时，Q 输出能流或逻辑状态为 TRUE 在 LAD 中，P_TRIG 指令不能放置在程序段的开头或结尾。在 FBD 中，P_TRIG 指令可以放置在除分支结尾外的任何位置
N_TRIG —CLK　Q— "M_BIT"		扫描 RLO 的信号下降沿 在 CLK 输入状态（FBD）或 CLK 能流输入（LAD）中检测到负跳变（通到断）时，Q 输出能流或逻辑状态为 TRUE 在 LAD 中，N_TRIG 指令不能放置在程序段的开头或结尾。在 FBD 中，N_TRIG 指令可以放置在除分支结尾外的任何位置

1. 触点边沿

　　触点边沿检测指令包括 P 触点和 N 触点指令，是当触点地址位的值从"0"到"1"（上升沿或正边沿，Positive）或从"1"到"0"（下降沿或负边沿，Negative）变化时，该触点地址保持一个扫描周期的高电平，即对应常开触点接通一个扫描周期。触点边沿指令可以放置在程序段中除分支结尾外的任何位置。图 9-5 中，当 I0.0 为 1，且当 I0.1 有从 0 到 1 的上升沿时，Q00 接通一个扫描周期。

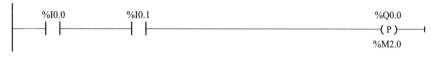

图 9-5　P 触点例子

2. 线圈边沿

线圈边沿包括 P 线圈和 N 线圈，是当进入线圈的能流中检测到上升沿或下降沿变化时，线圈对应的位地址接通一个扫描周期。线圈边沿指令可以放置在程序段中的任何位置。图 9-6 中，线圈输入端的信号状态从"0"切换到"1"时，Q0.0 接通一个扫描周期。

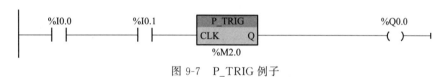

图 9-6　P 线圈例子

3. TRIG 边沿

TRIG 边沿指令包括 P_TRIG 和 N TRIG 指令，当在"CLK"输入端检测到上升沿或下降沿时，输出端接通一个扫描周期。图 9-7 中，当 I0.0 和 I0.1 相与的结果有一个上升沿时 Q0.0 接通一个扫描周期，I0.0 和 I0.1 相与的结果保存在 M2.0 中。边沿检测常用于只扫描一次的情况。

图 9-7　P_TRIG 例子

任务实施

一、分配 I/O 地址

根据控制要求，完成 PLC 控制系统的电气原理图如图 9-8 所示。

二、程序设计

程序如图 9-9 所示，楼上和楼下的两个开关状态一致时，即都为"ON"或都为"OFF"时，灯亮；状态不一致时，即一个为"ON"，另一个为"OFF"时，灯不亮。灯在熄灭状态时，不管人是在楼下还是楼上，只要拨动该处的开关到另外一个状态，即可将灯点亮。同样，灯在点亮状态时，不管人是在楼下还是楼上，只要拨动该处的开关到另外一个状态，都可将灯熄灭。

图 9-10 为 FBD 形式的程序。

程序设计

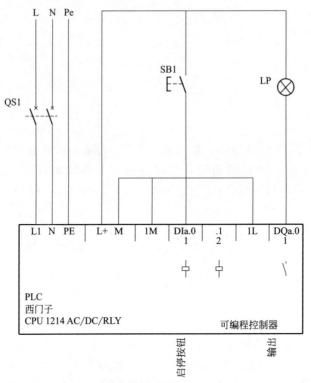

图 9-8　电气原理图

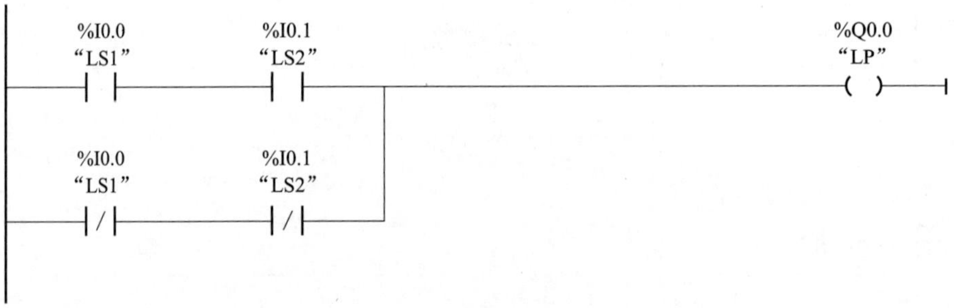

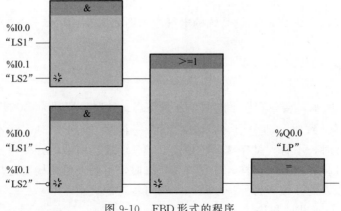

图 9-9　梯形图

图 9-10　FBD 形式的程序

三、调试运行

① 按照图 9-8 所示将 PLC 的 I/O 接线图连接起来。

② 将图 9-9 或者图 9-10 中的程序输入到 PLC 中。

③ 按下开关 LS1（准备上楼），观察灯是否点亮，若点亮，按下开关 LS2（人已经在楼上），观察灯是否熄灭，若熄灭，说明可以达到上楼的控制要求；接着再按下开关 LS2（准备下楼），观察灯是否点亮，若点亮，按下开关 LS1（人已经在楼下），观察灯是否熄灭，若熄灭，说明满足下楼的控制要求。

 任务拓展　单按钮控制电机连续运行与停止

1. 控制要求

按住开关按钮 SB，电动机的电运行。再次按住按钮开关 SB，切断电动机的电源，电动机失电停止运行。

2. 电气图纸

根据控制要求，完成 PLC 控制系统的电气原理图如图 9-11 所示。

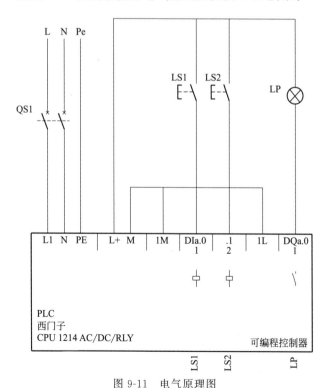

图 9-11　电气原理图

3. 程序设计

根据控制要求，完成程序设计，完成调试，并将 I/O 分配表和程序记录下来。

I/O 分配表

输入信号	功能	输出信号	功能
DIa. 0		DQa. 0	
DIa. 1		DQa. 1	
DIa. 2		DQa. 2	
DIa. 3		DQa. 3	
DIa. 4		DQa. 4	
DIa. 5		DQa. 5	
DIa. 6		DQa. 6	
DIa. 7		DQa. 7	

任务十
三相异步电动机降压启动的 PLC 控制

 任务导入

　　三相异步电动机 Y-△启动，需要用到时间继电器，同学们能否使用 PLC 控制，实现降压启动。本任务采用降压启动仿真实验模块进行 PLC 编程控制，如图 10-1 所示。

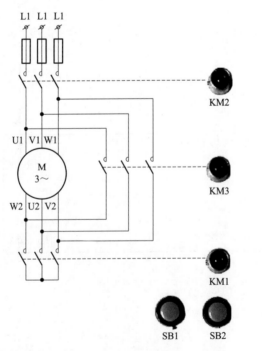

图 10-1　降压启动仿真

知识学习

使用定时器指令可创建编程的时间延时。用户程序中可以使用的定时器数仅受 CPU 存储器容量限制。每个定时器均使用 16 字节的 IEC_Timer 数据类型的 DB 结构来存储功能框或线圈指令顶部指定的定时器数据。博途会在插入指令时自动创建该 DB。

S7-1200 PLC 提供了 4 种类型的定时器，如表 10-1 所示。

表 10-1　S7-1200 定时器

LAD/FBD	LAD	说明
IEC_Timer_0 TP Time IN　Q PT　ET	TP_DB —(TP)— "PRESET_Tag"	TP 定时器可生成具有预设宽度时间的脉冲
IEC_Timer_1 TON Time IN　Q PT　ET	TON_DB —(TON)— "PRESET_Tag"	TON 定时器在预设的延时过后将输出 Q 设置为 ON
IEC_Timer_2 TOF Time IN　Q PT　ET	TOF_DB —(TOF)— "PRESET_Tag"	TOF 定时器在预设的延时过后将输出 Q 重置为 OFF
IEC_Timer_3 TONR Time IN　Q R　ET PT	TONR_DB —(TONR)— "PRESET_Tag"	TONR 定时器在预设的延时过后将输出 Q 设置为 ON。在使用 R 输入重置经过的时间之前，会跨越多个定时时段一直累加经过的时间

使用 S7-1200 的定时器时需要注意的是，每个定时器都使用一个存储在数据块中的结构来保存定时器数据。在程序编辑器中放置定时器指令时即可分配该数据块，可以采用默认设置，也可以手动自行设置。在功能块中放置定时器指令后，可以选择多重背景数据块选项，各数据结构的定时器结构名称可以不同。

一、接通延时定时器

接通延迟定时器如图 10-2(a) 所示，图 10-2(b) 为其时序图。图 10-2(a) 中，"IEC_Timer_1"表示定时器的背景数据块，TON 表示为接通延迟定时器。

珍惜时光

由图 10-2 可得到其工作原理。启动：当定时器的输入端"IN"由"0"变为"1"时，定时器启动进行由 0 开始的加定时，到达预设值后，定时器停止计时且保持为预设值。只要输入端 IN＝1，定时器就一直起作用。

预设值：在输入端"PT"输入格式如"T♯5S"的定时时间，表示定时时间为 5s。TIME 数据使用 T♯标识符，可以采用简单时间单元"T♯200ms"或复合时间单元"T♯2s_200ms"的形式输入。

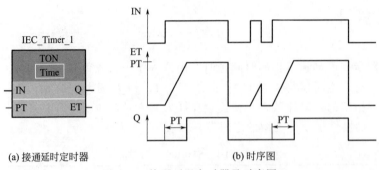

(a) 接通延时定时器   (b) 时序图

图 10-2 接通延迟定时器及时序图

定时器的当前计时时间值可以在输出端"ET"输出。预设值时间 PT 和计时时间 ET 以表示毫秒时间的有符号双精度整数形式存储在存储器中。定时器的当前值不为负，若设置预设值为负，则定时器指令执行时将被设置为 0。

输出：当定时器定时时间到，没有错误且输入端 S＝1 时，输出端"Q"置位变为"1"。如果在定时时间到达前输入端"S"从"1"变为"0"，则定时器停止运行，当前计时值为 0，此时输出端 Q＝0。若输入端"S"又从"0"变为"1"，则定时器重新由 0 开始加定时。

定时器的背景数据块如图 10-3 所示，其他定时器的背景数据块与之相似。

		名称	数据类型	起始值	设定值	注释
		定时器背景数据块				
1		▼ Static			☐	
2		■ ▼ T1	IEC_TIMER		☑	定时器
3		■ PT	Time	T#0ms	☐	设定时间
4		■ ET	Time	T#0ms	☐	当前时间
5		■ IN	Bool	false	☐	输入信号
6		■ Q	Bool	false	☐	输出信号

图 10-3 定时器的背景数据块

二、保持型接通延时定时器

保持型接通延时定时器如图 10-4(a) 所示，图 10-4(b) 为其时序图。图 10-4(a) 中，"IEC_Timer_3"表示定时器的背景数据块，TONR 表示为保持型接通延迟定时器，由图 10-4(b) 可得到其工作原理如下。

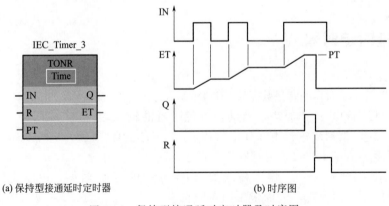

(a) 保持型接通延时定时器   (b) 时序图

图 10-4 保持型接通延时定时器及时序图

启动：当定时器的输入端"IN"从"0"变为"1"时，定时器启动开始加定时，当"IN"端变为0时，定时器停止工作保持当前计时值。当定时器的输入端"IN"又从"0"变为"1"时，定时器继续计时，当前值继续增加。如此重复，直到定时器当前值达到预设值时，定时器停止计时。

复位：当复位输入端"R"为1时，无论"IN"端如何，都清除定时器中的当前定时值，而且输出端Q复位。

输出：当定时器计时时间到达预设值时，输出端"Q"变为"1"。

保持型接通延迟定时器用于累计定时时间的场合，如记录一台设备（制动器、开关等）运行的时间。当设备运行时，输入10.0为高电平，当设备不工作时10.0为低电平。10.0为高时，开始测量时间，10.0为低时，中断时间的测量，而当10.0重新为高时继续测量，可知本项目需要使用保持型接通延迟定时器。

三、关断延时定时器

关断延迟定时器如图10-5(a)所示，图10-5(b)为其时序图。图10-5(a)中，"IEC_Timer_2"表示定时器的背景数据块，TOF表示为关断延迟定时器，由图10-5(b)可得到其工作原理如下。

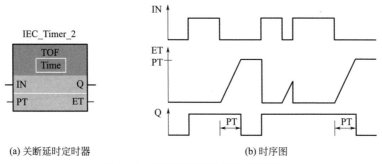

(a) 关断延时定时器　　　　　　　　　　(b) 时序图

图 10-5　关断延时定时器及时序图

启动：当定时器的输入端"IN"从"0"变为"1"时，定时器尚未开始定时且当前定时值清零。当"IN"端由"1"变为"0"时，定时器启动开始加定时。当定时时间到达预设值时，定时器停止计时保持当前值。

输出：当输入端"IN"从"0"变为"1"时，输出端Q=1，如果输入端又变为"0"则输出端Q继续保持"1"，直到到达预设值时间。

四、脉冲定时器

脉冲定时器如图10-6(a)所示，图10-6(b)为其时序图。图10-6(a)中，"IEC_Timer_0"表示定时器的背景数据块，TP表示为关断延迟定时器，由图10-6(b)可得到其工作原理如下。

启动：当输入端"IN"从"0"变为"1"时，定时器启动，此时输出端"Q"也置为"1"。在脉冲定时器定时过程中，即使输入端"IN"发生了变化，定时器也不受影响，直到到达预设值时间。到达预设值后，如果输入端"IN"为"1"，则定时器停止定时且保持当前定时值。若输入端"IN"为"0"，则定时器定时时间清零。

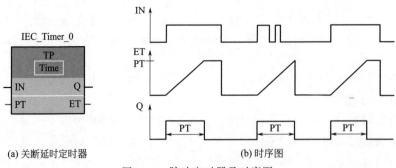

(a) 关断延时定时器　　　　　　　　　(b) 时序图

图 10-6　脉冲定时器及时序图

输出：在定时器定时时间过程中，输出端"Q"为"1"，定时器停止定时，不论是保持当前值还是清零当前值其输出皆为 0。

五、复位定时器

S7-1200 有专门的定时器复位指令 RT，如图 10-7 所示，"定时器背景数据块".T1 为定时器的背景数据块，其功能为通过清除存储在指定定时器背景数据块中的时间数据来重置定时器。

```
    %I0.2                                    "定时器背景数据
    "复位"                                     块".T1
    ┤├                                        ┤RT├
```

图 10-7　复位定时器指令

 任务实施

一、电气原理图

根据控制要求，输入/输出分配如表 10-2 所示。

表 10-2　I/O 分配表

输入信号	功能	输出信号	功能
DIa.0	启动	DQa.0	KM1
DIa.1	停止	DQa.1	KM2
DIa.2		DQa.2	KM3

根据控制要求，完成 PLC 控制系统的电气原理图如图 10-8 所示。

二、程序设计

根据控制要求设计程序，图 10-9 为本任务参考程序。由于热继电器的过载保护接的是

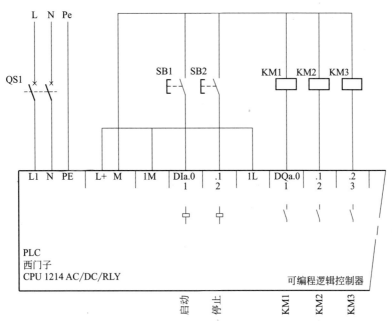

图 10-8 PLC 控制系统电气原理图

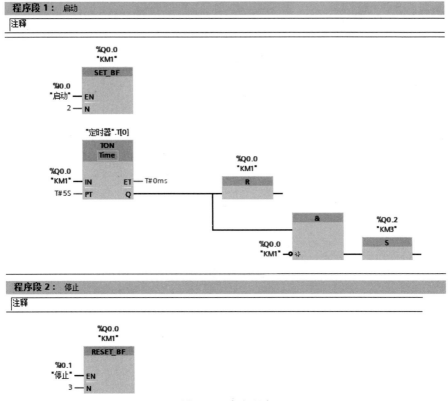

图 10-9 参考程序

常闭触点，所以输入继电器 I0.2 得电，其常开触点闭合，按下启动按钮 I0.0，Q0.1 和
Q0.0 得电，接触器 KM3 和 KM1 吸合，其主触点闭合，电动机接成 Y 启动；同时定时器开

始定时，定时时间到，其常闭触点断开，Q0.1 失电，解除 Y 连接，T0 的常开触点闭合，接通延时 0.5s 后，Q0.2 得电，电动机接成△运行。在 Q0.1 和 Q0.2 线圈中互串对方的常闭触点，实现软件上的互锁。用定时器实现 Y 和△绕组换接时的 0.5s 延时，以防 KM2、KM3 同时通电，造成主电路短路。

三、调试运行

① 参考图 10-8 所示，完成电气接线。

② 根据参考程序完成程序设计，并将程序输入到 PLC 中。

③ 完成程序调试，按下启动按钮 SB1，首先看到 KM3 和 KM1 得电，电动机 Y 启动，5s 之后，KM3 失电，同时 KM2 通电，电动机△运行。按下停止按钮 SB2，电动机停止。

④ 记录 I/O 分配表和程序。

 ## 任务拓展　电机顺序启动逆序停止的控制

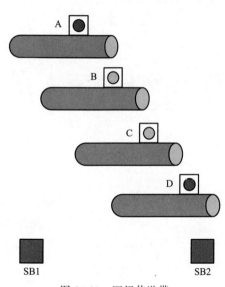

图 10-10　四级传送带

1. 控制要求

如图 10-10 为四级传送带控制的模拟仿真模块，有一个由四条皮带运输机组成的传送系统，分别用四台异步电动机带动，控制要求如下：启动时先启动最末一级皮带机，经过 5s 延时，再依次启动上一级皮带机，逐级启动，相隔 5s。停止时应先停止最前一条皮带机，待料运送完毕后再依次停止其他皮带机，相隔 5s。

2. 电气图纸

根据控制要求，绘制 PLC 控制系统的电气原理图如图 10-11 所示。

3. 程序设计

根据控制要求，完成程序设计，完成调试，并将 I/O 分配表和程序记录下来。

I/O 分配表

输入信号	功能	输出信号	功能
DIa. 0		DQa. 0	
DIa. 1		DQa. 1	
DIa. 2		DQa. 2	
DIa. 3		DQa. 3	
DIa. 4		DQa. 4	
DIa. 5		DQa. 5	
DIa. 6		DQa. 6	
DIa. 7		DQa. 7	

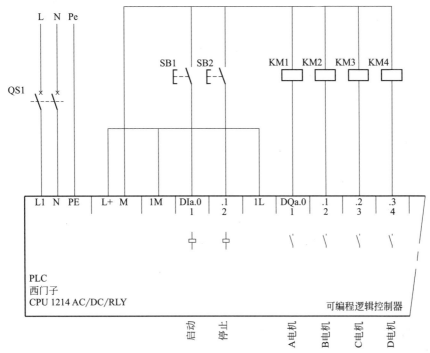

图 10-11　PLC 控制系统的电气原理图

任务十一
生产线产量计数指示灯控制

任务导入

图 11-1 所示为某生产线产量计数的应用。产品通过传感器输入 I0.0 进行计数。当产量达到 100 时，指示灯 Q0.0 亮；达到产量数 150 时，指示灯 Q0.0 闪烁。I0.1 为复位按钮信号。

图 11-1　某生产线产量计数应用

技术为人类提供便利

知识学习

一、计数器

　　S7-1200 有 3 种 IEC 计数器：加计数器（CTU）、减计数器（CTD）和加减计数器（CTUD），如表 11-1 所示。它们属于软件计数器，其最大计数频率受到 OB1 的扫描周期的限制。如果需要频率更高的计数器，可以使用 CPU 内置的高速计数器。

计数器

表 11-1　S7-1200 计数器

LAD/FBD	SCL	说明
"Counter name" CTU　Int CU　　Q R　　CV PV	"IEC_Counter_0_DB" . CTU (　CU：=_bool_in, 　R：=_bool_in, 　PV：=_in, 　Q=>_bool_out, 　CV=>_out);	
"Counter name" CTD　Int CD　　Q LD　　CV PV	"IEC_Counter_0_DB" . CTD (　CD：=_bool_in, 　LD：=_bool_in, 　PV：=_in, 　Q=>_bool_out, 　CV=>_out);	可使用计数器指令对内部程序事件和外部过程事件进行计数。每个计数器都使用数据块中存储的结构来保存计数器数据。用户在编辑器中放置计数器指令时分配相应的数据块 ● CTU 是加计数器 ● CTD 是减计数器 ● CTUD 是加减计数器
"Counter name" CTUD　Int CU　　QU CD　　QD R　　CV LD PV	"IEC_Counter_0_DB" . CTUD (　CU：=_bool_in, 　CD：=_bool_in, 　R：=_bool_in, 　LD：=_bool_in, 　PV：=_in_, 　QU=>_bool_out, 　QD=>_bool_out, 　CV=>_out_);	

1. 加计数器

　　加计数器的程序块及时序图如图 11-2 所示。

　　当参数 CU 的值从 0 变为 1 时，CTU 计数器会使计数值加 1。CTU 时序图显示了计数值为无符号整数时的运行（其中，PV=3）。

　　如果参数 CV（当前计数值）的值大于或等于参数 PV（预设计数值）的值，则计数器输出参数 Q=1。

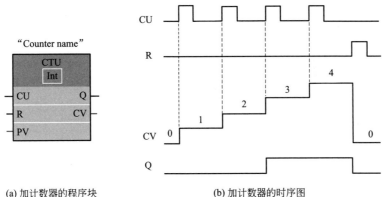

(a) 加计数器的程序块　　　　　　　(b) 加计数器的时序图

图 11-2　加计数器程序块及时序图

如果复位参数 R 的值从 0 变为 1，则当前计数值重置为 0。

2. 减计数器

减计数器的程序块及时序图如图 11-3 所示。

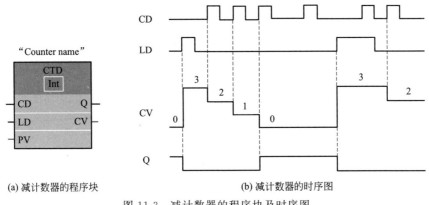

(a) 减计数器的程序块　　　　　　　(b) 减计数器的时序图

图 11-3　减计数器的程序块及时序图

当参数 CD 的值从 0 变为 1 时，CTD 计数器会使计数值减 1。CTD 时序图显示了计数值为无符号整数时的运行（其中，PV＝3）。

如果参数 CV（当前计数值）的值等于或小于 0，则计数器输出参数 Q＝1。

如果参数 LOAD 的值从 0 变为 1，则参数 PV（预设值）的值将作为新的 CV（当前计数值）装载到计数器。

3. 加减计数器

加减计数器的程序块及时序图如图 11-4 所示。

当加计数（CU）输入或减计数（CD）输入从 0 转换为 1 时，CTUD 计数器将加 1 或减 1。CTUD 时序图显示了计数值为无符号整数时的运行（其中 PV＝4）。

如果参数 CV 的值大于等于参数 PV 的值，则计数器输出参数 QU＝1。

如果参数 CV 的值小于或等于零，则计数器输出参数 QD＝1。

如果参数 LOAD 的值从 0 变为 1，则参数 PV 的值将作为新的 CV 装载到计数器。

如果复位参数 R 的值从 0 变为 1，则当前计数值重置为 0。

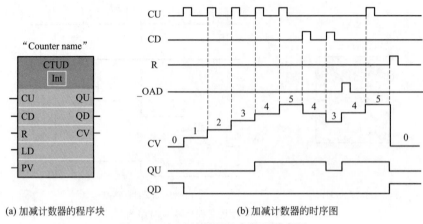

(a) 加减计数器的程序块　　　　　(b) 加减计数器的时序图

图 11-4　加减计数器程序块及时序图

二、系统和时钟存储器

"系统和时钟存储器"页面可以设置 M 存储器的字节给系统和时钟存储器，然后程序逻辑可以引用它们的各个位用于逻辑编程。

"系统存储器位"：用户程序可以引用四个位，有首次循环，诊断状态已更改，始终为 1，始终为 0。设置如图 11-5 所示。

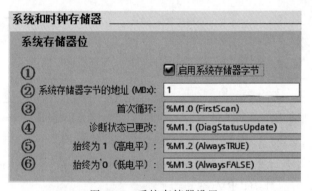

图 11-5　系统存储器设置

① 激活"启用系统存储器字节"；

② 系统存储器字节地址：设置分配给"系统存储器字节地址"的 MB 的地址；

③ 首次循环：在启动 OB 完成后第一个扫描周期该位置为 1，之后的扫描周期复位为 0；

④ 诊断状态已更改：在诊断事件后的一个扫描周期内置为 1。由于直到启动 OB 和程序循环 OB 首次执行完才能置位该位，所以在启动 OB 和程序循环 OB 首次执行完成才能判断是否发生诊断更改；

⑤ 始终为 1（高电平）：该位始终置位为 1；

⑥ 始终为 0（低电平）：该位始终设置为 0。

"时钟存储器位"：设置时钟存储器如图 11-6 所示，组态的时钟存储器的每一个位都是不同频率的时钟方波。

① 激活"启用时钟存储器字节"；

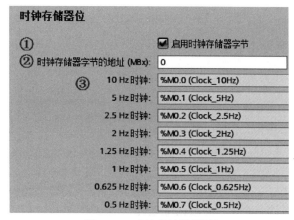

图 11-6　时钟存储器设置

② 时钟存储器字节地址：设置分配给"时钟存储器字节地址"的 MB 的地址；

③ 被组态为时钟存储器中的 8 个位提供了 8 种不同频率的方波，可在程序中用于周期性触发动作。其每一位对应的周期与频率，参考表 11-2。

表 11-2　时钟存储器

位号	7	6	5	4	3	2	1	0
周期/s	2.0	1.6	1.0	0.8	0.5	0.4	0.2	0.1
频率/Hz	0.5	0.625	1	1.25	2	2.5	5	10

 任务实施

一、分配 I/O 地址

根据控制要求，完成 PLC 控制系统的电气原理图如图 11-7 所示。

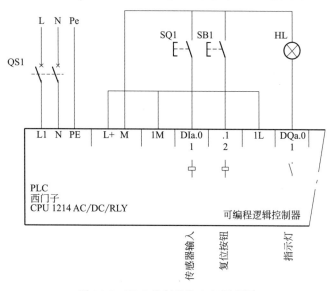

图 11-7　PLC 控制系统电气原理图

二、程序设计

本例的关键是加减计数器 CTD 的使用，参考程序如图 11-8 所示。

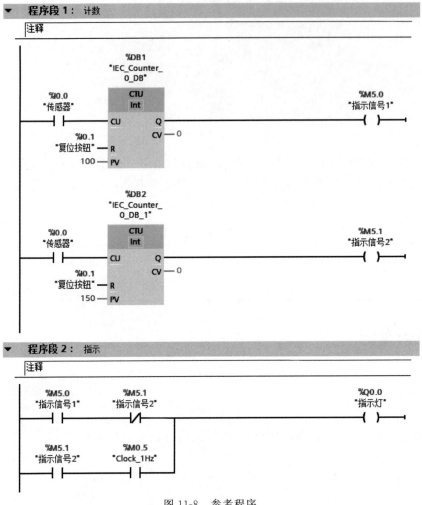

图 11-8　参考程序

三、调试运行

① 根据控制要求，完成 I/O 分配表，完成接线。
② 完成程序调试，直至满足控制要求。

 任务拓展　车辆出入库数量监控程序设计

1. 控制要求

有一个小型停车场（见图 11-9），需要实时统计存放进来的车辆数量，在停车场的入、出口处均设置有检测车辆的传感器。当有车辆进入停车场时，即 SQ1 闭合，停车场内的车辆数量就加"1"，当车辆离开停车场时，即 SQ2 闭合，停车场车辆总数就减"1"，当停车场内的产品数量达到 100 个时，开始闪烁指示灯 HL。

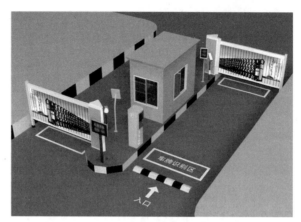

图 11-9　停车场出入车辆示意图

2. 电气图纸

根据控制要求，绘制 PLC 控制系统的电气原理图如图 11-10 所示。

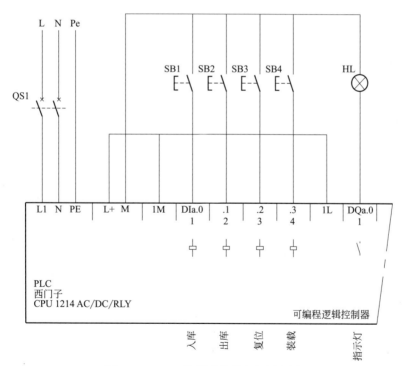

图 11-10　PLC 控制系统的电气原理图

3. 程序设计

根据控制要求，完成程序设计，完成调试，并将 I/O 分配表和程序记录下来。

I/O 分配表

输入信号	功能	输出信号	功能
DIa.0		DQa.0	
DIa.1		DQa.1	
DIa.2		DQa.2	
DIa.3		DQa.3	
DIa.4		DQa.4	

任务十二
喷泉的模拟控制程序设计

喷泉的模拟控制
程序设计

 任务导入

本任务模拟喷泉的动作，模拟实验平台如图 12-1 所示。

动作过程：合上启动按钮，PLC 获得启动信号，控制指示灯，按以下规律亮起：1—2—3—4—5—6—7—8……如此循环，周而复始。

知识学习

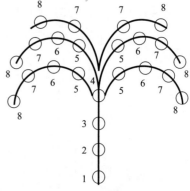

图 12-1　天塔之光

一、移动值指令

移动值指令 MOVE 用于将 IN 输入端的源数据传送给 OUTI 输出的目的地址，并且转换为 OUTI 允许的数据类型（与是否进行 IEC 检查有关），源数据保持不变。IN 和 OUT1 的数据类型可以是位字符串、整

技术让生活更美好

数、浮点数、定时器、日期时间、CHAR、WCHAR、STRUCT、ARRAY、IEC 定时器/计数器数据类型、PLC 数据类型，IN 还可以是常数。

如果输入 IN 数据类型的位长度超出输出 OUTI 数据类型的位长度，则源值的高位会丢失。如果输入 IN 数据类型的位长度小于输出 OUTI 数据类型的位长度，目标值的高位会被改写为 0。

MOVE 指令允许有多个输出，单击"OUT1"前面的 ，将会增加一个输出，增加的输出的名称为 OUT2，以后增加的输出的编号按顺序排列。右击某个输出的短线，执行快捷菜单中的"删除"命令，将会删除该输出参数。删除后自动调整剩下的输出的编号。

二、块移动指令

图 12-2 中 I0.0 的常开触点接通时，"块移动"指令 MOVE_BLK 将源区域"源数据"的数组 Data 的 0 号元素开始的 15 个元素的值，复制给目标区域"目标数据"的数组 Data 的 0 号元素开始的 15 个元素。COUNT 为要传送的数组元素的个数，复制操作按地址增大的方向进行。源区域和目标区域的数据类型应相同。

图 12-2　块移动指令

IN 和 OUT 是待复制的源区域和目标区域中的首个元素，并不要求是数组的第一个元素。

"不可中断的存储区移动"指令 UMOVE BLK 与 MOVEBLK 指令的功能基本上相同，其区别在于 UMOVE BLK 的复制操作不会被操作系统的其他任务打断。

三、交换指令

IN 和 OUT 为数据类型 Word 时，"交换"指令 SWAP 交换输入 IN 的高、低字节后，保存到 OUT 指定的地址。IN 和 OUT 为数据类型 Dword 时，交换 4 个字节中数据的顺序，交换后保存到 OUT 指定的地址。

 任务实施

一、分配 I/O 地址

根据控制要求，输入/输出分配如表 12-1 所示。

表 12-1　I/O 分配表

输入信号	功能	输出信号	功能
DIa.0	启动	DQa.0	HL1
DIa.1	停止	DQa.1	HL2
DIa.2		DQa.2	HL3
DIa.3		DQa.3	HL4
DIa.4		DQa.4	HL5
DIa.5		DQa.5	HL6
DIa.6		DQa.6	HL7
DIa.7		DQa.7	HL8

根据控制要求，完成 PLC 控制系统的电气原理图如图 12-3 所示。

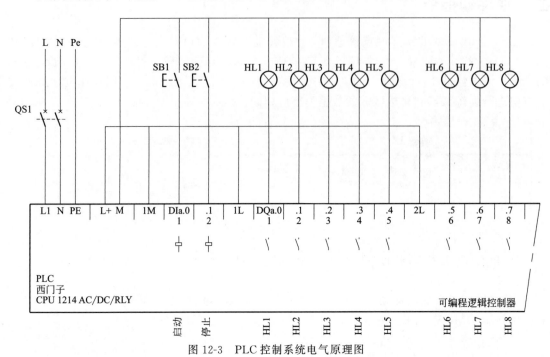

图 12-3　PLC 控制系统电气原理图

二、程序设计

根据控制要求列出传送数据与输出位的对照，如表 12-2 所示，用"1"表示灯亮，用"0"表示灯熄灭。所传送的 8 位数据可以用十进制数表示，也可以用十六进制数 16♯ 表示，这里选用十六进制数表示较为方便。

表 12-2　传送数据与输出位对照表

数据	输出字节 QB0							
	Q0.7	Q0.6	Q0.5	Q0.4	Q0.3	Q0.2	Q0.1	Q0.0
16♯01	0	0	0	0	0	0	0	1
16♯02	0	0	0	0	0	0	1	0
16♯04	0	0	0	0	0	1	0	0
16♯08	0	0	0	0	1	0	0	0
16♯10	0	0	0	1	0	0	0	0
16♯20	0	0	1	0	0	0	0	0
16♯40	0	1	0	0	0	0	0	0
16♯80	1	0	0	0	0	0	0	0

喷泉模拟指示灯循环一个周期是 8s，可以使用 8 个定时器，然后采用定时器的常开触点将对应于每个时刻的十六进制数，用 MOVE 指令传送给 QB0，从而点亮相应位置的灯。参考程序如图 12-4 所示。

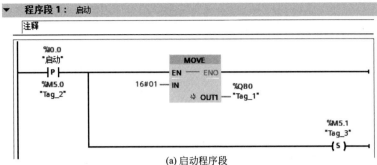

(a) 启动程序段

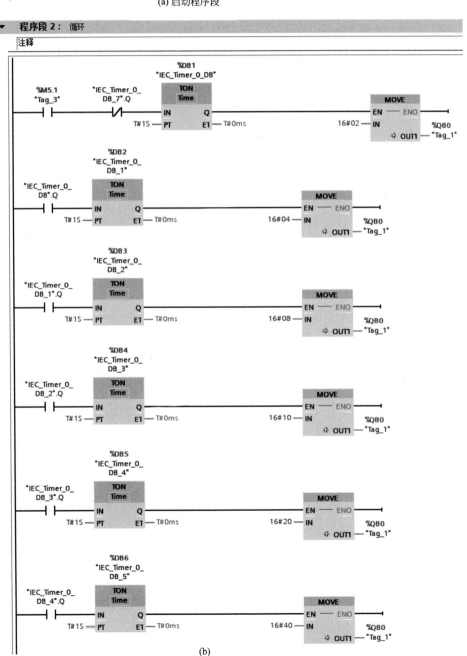

(b)

图 12-4

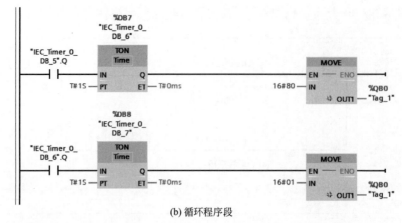

(b) 循环程序段

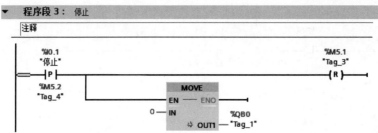

(c) 停止程序段

图 12-4　参考程序

创新要考虑成本

三、调试运行

① 根据控制要求，绘制 PLC 接线原理图，完成接线。

② 完成程序调试，直至满足控制要求。

任务拓展 天塔之光的 PLC 控制

1. 控制要求

按下启动按钮（SB1）发送启动信息，灯塔上方的霓虹灯按以下规律点亮：L1→L1、L2→L1、L3→L1、L4→L1、L5→L1、L2、L4、→L1、L3、L5→L1→L2、L3、L4、L5→L6、L7→L1、L6→L1、L7→L1→L1、L2、L3、L4、L5→L1、L2、L3、L4、L5、L6、L7→L1、L2、L3、L4、L5、L6、L7→L1……每秒钟切换一次霓虹灯点亮状态，如此循环，周而复始。按下停止按钮（SB2）发送停止信号，霓虹灯立即熄灭。

2. 电气图纸

根据控制要求，完成 PLC 控制系统的电气原理图

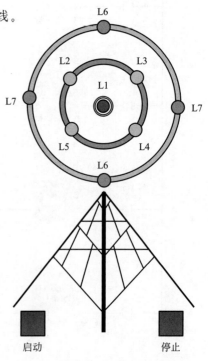

图 12-5　天塔之光

如图 12-6 所示。

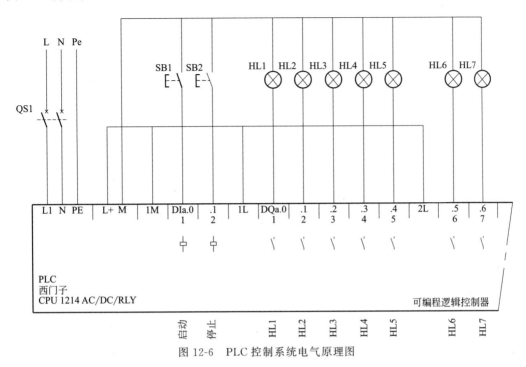

图 12-6 PLC 控制系统电气原理图

3. 数据对照表（见表 12-3）

表 12-3 传送数据与输出位对照表

状态	输出字节 QB0							控制字
	待用 Q0.7	L7 Q0.6	L6 Q0.5	L5 Q0.4	L4 Q0.3	L3 Q0.2	L2 Q0.1	L1 Q0.0	
状态 1								1	
状态 2							1	1	
状态 3						1		1	
状态 4					1			1	
状态 5				1				1	
状态 6					1	1	1	1	
状态 7			1					1	
状态 8			1	1	1	1			
状态 9		1	1						
状态 10			1					1	
状态 11		1						1	
状态 12								1	
状态 13				1	1	1	1	1	

续表

状态	输出字节 QB0							控制字
	待用 Q0.7	L7 Q0.6	L6 Q0.5	L5 Q0.4	L4 Q0.3	L3 Q0.2	L2 Q0.1	L1 Q0.0
状态 14		1	1	1	1	1	1	1
状态 15								
状态 16		1	1	1	1	1	1	1

4. 程序设计

根据控制要求，完成程序设计，完成调试，并将 I/O 分配表和程序记录下来。

I/O 分配表

输入信号	功能	输出信号	功能
DIa.0		DQa.0	
DIa.1		DQa.1	
DIa.2		DQa.2	
DIa.3		DQa.3	
DIa.4		DQa.4	
DIa.5		DQa.5	
DIa.6		DQa.6	
DIa.7		DQa.7	

任务十三
自动售货机的 PLC 控制

自动售货机的
PLC 控制

 任务导入

自动售货机，英文名（Vending Machine，VEM），是一种能根据投入的钱币自动付货的机器。自动售货机是商业自动化的常用设备，它不受时间、地点的限制，能节省人力、方便交易。是一种全新的商业零售形式，又被称为 24 小时营业的微型超市。常见的自动售卖机共分为四种：饮料自动售货机、食品自动售货机、综合自动售货机、化妆品自动售卖机。

本任务采用 PLC 实现如图 13-1 所示的饮料自动售货机模拟控制。本仿真模块可投入 1元、5 元、10 元三种面值的硬币。可完成汽水和咖啡两种饮料的自助销售，可以实现多余钱币的找零。

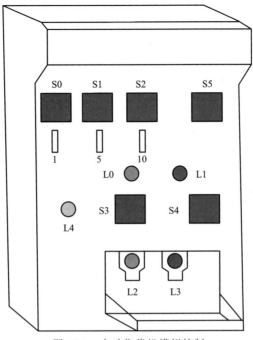

图 13-1　自动售货机模拟控制

知识学习

一、四则运算指令

数学函数指令中的 ADD、SUB、MUL 和 DIV 分别是加、减、乘、除指令，它们执行的操作见表 13-1。操作数的数据类型可选整数（SInt、Int、DInt、USInt、UInt、UDInt）和浮点数 Real，IN1 和 IN2 可以是常数。IN1、IN2 和 OUT 的数据类型应相同。

表 13-1　加法、减法、乘法和除法指令

LAD/FBD	SCL	说明
ADD Auto(???) EN　　ENO IN1　　OUT IN2 ✹	out：＝in1＋in2； out：＝in1－in2； out：＝in1 * in2； out：＝in1/in2；	ADD：加法（IN1＋IN2＝OUT） SUB：减法（IN1－IN2＝OUT） MUL：乘法（IN1 * IN2＝OUT） DIV：除法（IN1/IN2＝OUT） 整数除法运算会截去商的小数部分以生成整数输出

整数除法指令将得到的商截尾取整后，作为整数格式的输出 OUT。

ADD 和 MUL 指令允许有多个输入，单击方框中参数 IN2 后面的 ✹，将会增加输入 IN3，以后增加的输入的编号依次递增。

二、CALCULATE（计算）

可以使用"计算"指令 CALCULATE 定义和执行数学表达式，根据所选的数据类型计

算复杂的数学运算或逻辑运算。指令如表 13-2 所示。

表 13-2 CALCULATE（计算）

LAD/FBD	SCL	说明
CALCULATE ??? EN ENO OUT: = ⟨???⟩ IN1 OUT IN2	使用标准 SCL 数学表达式创建等式	CALCULATE 指令可用于创建作用于多个输入上的数学函数（IN1,IN2,..INn），并根据您定义的等式在 OUT 处生成结果 首先选择数据类型。所有输入和输出的数据类型必须相同 要添加其他输入，请单击最后一个输入处的图标

单击指令框中 CALCULATE 下面的"???"，在出现的下拉式列表中选择该指令的数据类型为 Real。根据所选的数据类型，可以用某些指令组合的函数来执行复杂的计算。单击指令框右上角的 图标，或双击指令框中间的数学表达式方框，打开指令框下半部分的对话框。对话框给出了所选数据类型可以使用的指令，在该对话框中输入待计算的表达式，表达式可以包含输入参数的名称（INn）和运算符，不能指定方框外的地址和常数。

三、其他数学函数指令

1. MOD 指令

除法指令只能得到商，余数被丢掉。可以用"返回除法的余数"指令 MOD 来求各种整数除法的余数。输出 OUT 中的运算结果为除法运算 IN1/IN2 的余数。

2. NEG 指令

"求二进制补码"（取反）指令 NEG（negation）将输入 IN 的值的符号取反后，保存在输出 OUT 中。IN 和 OUT 的数据类型可以是 SInt、Int、DInt 和 Real，输入 IN 还可以是常数。

3. INC 与 DEC 指令

执行"递增"指令 INC 与"递减"指令 DEC 时，参数 IN/OUT 的值分别被加 1 和减 1。IN/OUT 的数据类型为各种有符号或无符号的整数。

注意：一般由边沿触发指令触发增一或减一指令。

4. ABS 指令

"计算绝对值"指令 ABS 用来求输入 IN 中的有符号整数（SInt、Int、DInt）或实数（Real）的绝对值，将结果保存在输出 OUT 中。IN 和 OUT 的数据类型应相同。

5. MIN 与 MAX 指令

"获取最小值"指令 MIN 比较输入 IN1 和 IN2 的值，将其中较小的值送给输出 OUT。"获取最大值"指令 MAX 比较输入 IN1 和 IN2 的值，将其中较大的值送给输出 OUT 输入参数和 OUT 的数据类型为各种整数和浮点数，可以增加输入的个数。

6. LIMIT 指令

"设置限值"指令 LIMIT 将输入 IN 的值限制在输入 MIN 与 MAX 的值范围之间。如果 IN 的值没有超出该范围，将它直接保存在 OUT 指定的地址中。如果 IN 的值小于 MIN 的值或大于 MAX 的值，将 MIN 或 MAX 的值送给输出 OUT。

7. 返回小数指令与取幂指令

"返回小数"指令 FRAC 将输入 IN 的小数部分传送到输出 OUT。"取幂"指令 EXPT 计算以输入 IN1 的值为底，以输入 IN2 为指数的幂（OUT＝IN1^{N2}），计算结果在 OUT 中。

四、比较操作运算

1. 比较指令

比较指令用来比较数据类型相同的两个数 IN1 与 IN2 的大小，IN1 和 IN2 分别在触点的上面和下面。操作数可以是 I、Q、M、L、D 存储区中的变量或常数。比较两个字符串是否相等时，实际上比较的是它们各对应字符的 ASCII 码的大小，第一个不相同的字符决定了比较的结果。

可以将比较指令视为一个等效的触点，比较符号可以是"＝＝"（等于）、"＜＞"（不等于）、"＜"和"＜＝"，满足比较关系式给出的条件时，等效触点接通。

生成比较指令后，单击指令名称（如"＝＝"），以从下拉列表中更改比较类型，可选的比较类型如表 13-3 所示。单击"???"并从下拉列表中选择数据类型。数据类型可以是位字符串、整数、浮点数、字符串、TIME、DATE、TOD 和 DLT。比较指令的比较符号也可以修改，双击比较符号，再单击出现的按钮，可以用下拉式列表修改比较符号。

表 13-3 比较说明

关系类型	满足以下条件时比较结果为真
＝＝	IN1 等于 IN2
＜＞	IN1 不等于 IN2
＞＝	IN1 大于或等于 IN2
＜＝	IN1 小于或等于 IN2
＞	IN1 大于 IN2
＜	IN1 小于 IN2

2. 其他比较指令

"值在范围内"指令 IN RANGE 与"值超出范围"指令 OUT_RANGE 可以等效为一个触点。如果有能流流入指令方框，执行比较，反之不执行比较。INRANGE 指令的参数 VAL 满足 MIN≤VALSMAX，或 OUT_RANGE 指令的参数 VAL 满足 VAL＜MIN 或 VAL＞MAX 时，等效触点闭合，指令框为绿色。不满足比较条件则等效触点断开，指令框为蓝色的虚线。

"OK"与"NOT_OK"指令，用于判断输入值是否为实数，指令格式如表 13-4 所示。

表 13-4 范围内值和范围外值指令

LAD/FBD	关系类型	满足以下条件时比较结果为真	支持的数据类型
IN_RANGE ??? MIN VAL MAX	IN_Range（范围内值）	MIN<=VAL<=MAX	SInt，Int，DInt，USInt，UInt，UDInt，Real，Constant
OUT_RANGE ??? MIN VAL MAX	OUT_Range（范围外值）	VAL<MIN 或 VAL>MAX	
"IN" OK "IN" ─┤ OK ├─	OK（检查有效性）	输入值是有效 REAL 数	Real，LReal
"IN" OK "IN" ─┤ NOT_OK ├─	NOT_OK（检查无效性）	输入值不是有效 REAL 数	

 任务实施

一、分配 I/O 地址

根据控制要求，完成 PLC 控制系统的电气原理图如图 13-2 所示。

根据控制要求，输入/输出分配如表 13-5 所示。

表 13-5 I/O 分配表

输入信号	功能	说明	输出信号	功能	说明
DIa. 0	S0	投币 1 元	DQa. 0	L0	汽水指示灯
DIa. 1	S1	投币 5 元	DQa. 1	L1	咖啡指示灯
DIa. 2	S2	投币 10 元	DQa. 2	L2	汽水动作
DIa. 3	S3	汽水按钮	DQa. 3	L3	咖啡动作
DIa. 4	S4	咖啡按钮	DQa. 4	L4	可以找零
DIa. 5	S5	找零	DQa. 5		

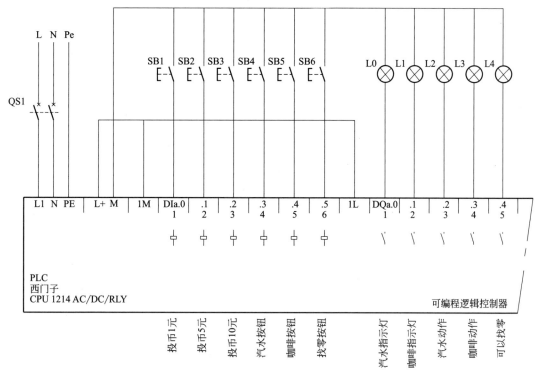

图 13-2　PLC 控制系统电气原理图

二、程序设计

① 此自动售货机可投入 1 元、5 元或 10 元硬币。

② 当投入的硬币总值等于或超过 12 元时，汽水按钮指示灯亮，又当投入的硬币总值超过 15 元时，汽水、咖啡按钮指示灯都亮。

③ 当汽水按钮灯亮时，按动汽水按钮，则汽水排出 7s 后自动停止，同时，汽水指示灯作 L2 闪烁动作 3s 后停止。

④ 当咖啡按钮灯亮时，按动咖啡按钮，则咖啡排出 7s 后自动停止，同时，咖啡指示灯也闪烁 3s。

⑤ 若投入硬币总值超过按钮所需钱数（汽水 12 元、咖啡 15 元），"ON"表示找钱动作。

⑥ 选择汽水。当汽水按钮指示灯亮后，如果选择汽水，应按下汽水按钮，则汽水出口动作 7s，同时，汽水按钮指示灯闪烁。

⑦ 选择咖啡。当比较结果大于或等于 15 元时，则咖啡按钮指示灯亮，这时，如果选择了咖啡，则应当按动咖啡按钮，咖啡排出 7s 后自动停止。

三、调试运行

① 根据控制要求，绘制 PLC 接线原理图，完成接线。

② 完成程序调试，直至满足控制要求。

任务拓展　七段数码管控制

　　图 13-3 为 7 段数码管仿真控制模块。本模块启动按钮为自锁式按钮，按一下按钮常开触点接通并保持；再次按下按钮，常开触点断开并保持。

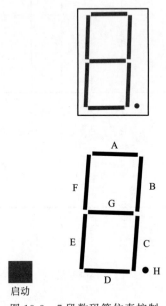

图 13-3　7 段数码管仿真控制

　　按下启动按钮后，由八组 LED 发光二极管模拟的八段数码管开始显示：先是一段段显示，显示次序是 A、B、C、D、E、F、G、H。随后显示数字及字符，显示次序是 0、1、2、3、4、5、6、7、8、9、A、b、C、d、E、F，再返回初始显示，并循环，直至再次按下启动按钮。

　　同学们完成 I/O 分配表，绘制 PLC 控制原理图，设计程序，并完成程序调试。

项目四

步进顺序控制设计及其应用

能力目标

◎ 能熟练运用顺序控制继电器指令编写 PLC 程序。

◎ 能熟练运用启保停电路以及置位复位指令编写顺序控制程序。

◎ 能根据控制系统的控制要求，构建 PLC 控制系统的硬件系统以及程序设计。

知识目标

◎ 掌握顺序功能图的结构和工作原理。

◎ 熟悉顺序功能图的分类。

◎ 掌握顺序控制继电器指令。

◎ 掌握顺序功能图的编程规则和编程技巧。

任务十四
机械手动作的 PLC 控制

任务导入

机械手仿真控制模块如图 14-1 所示。图中为一个将工件由 A 处传送到 B 处的机械手，上升/下降和左移/右移的执行用双线圈二位电磁阀推动气缸完成。当某个电磁阀线圈通电，就一直保持现有的机械动作，例如一旦下降的电磁阀线圈通电，机械手下降，即使线圈再断电，仍保持现有的下降动作状态，直到相反方向的线圈通电为止。另外，夹紧/放松由单线圈二位电磁阀推动气缸完成，线圈通电执行夹紧动作，线圈断电时执行放松动作。设备装有上、下限位和左、右限位开关。

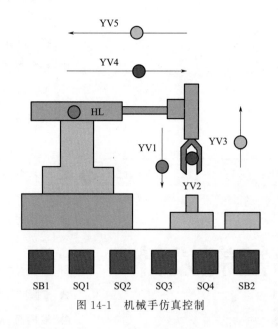

图 14-1　机械手仿真控制

知识学习

顺序控制就是按照生产工艺预先规定的顺序，在各输入信号的作用下，根据内部状态和时间的顺序，在生产过程中各执行机构自动有秩序地进行操作。例如机床加工头的进给运动、街上交通灯的控制都是顺序控制的例子。对于此类顺序控制的 PLC 实例，可以采用顺序控制设计法来进行 PLC 程序的设计。使用顺序控制设计法时首先根据系统的工艺过程，画出顺序功能图，然后根据顺序功能图编写梯形图程序。有的 PLC 提供了顺序功能图编程语言，用户在编程软件中生成顺序功能图后便完成了编程工作，如西门子 S7-1500PLC 中的

S7 Graph 编程语言。顺序控制设计法是一种先进的设计方法，很容易被初学者接受，对于有经验的工程师，也会提高设计的效率，程序的调试、修改和阅读也很方便。

一、顺序功能图

以组合机床动力头的进给运动控制（图 14-2 所示）为例来说明顺序功能图的含义及绘制方法。动力头初始位置在左边，由限位开关 I0.3 指示，按下启动按钮 I0.0，动力头向右快进（Q0.0 控制），到达限位开关 I0.1 后，转入工作进给（Q0.1 控制），到达限位开关 I0.2 后，快速返回（Q0.2 控制）至初始位置（I0.3）停下。再按一次启动按钮，动作过程重复。

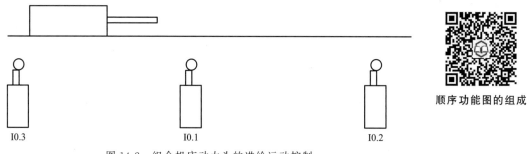

顺序功能图的组成

图 14-2   组合机床动力头的进给运动控制

上述组合机床动力头的进给运动控制是典型的顺序控制，我们可以采用图 14-3 所示的顺序功能图来描述该控制过程。

观察图 14-3 所示的顺序功能图，可以发现它包含以下几部分：内有编号的矩形框，如 M0.3 等，称为步，双线矩形框代表初始步，步里面的编号称为步序；连接矩形框的线称为有向连线；有向连线上与其相垂直的短线称为转换，旁边的符号如 I0.0 等表示转换条件；步的旁边与步并列的矩形框如 Q0.2 等表示该步对应的动作或命令。

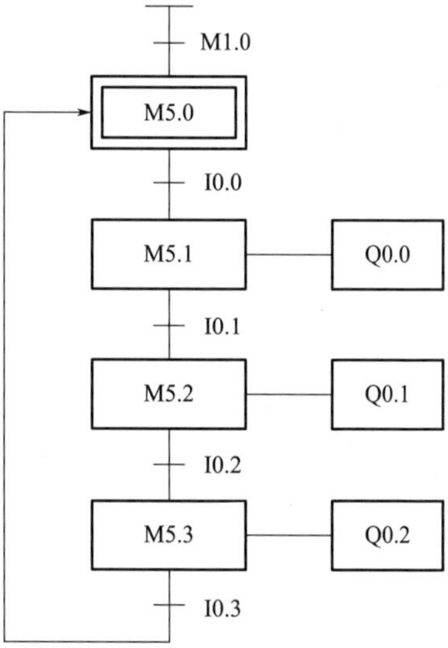

1. 步

将系统的一个工作周期划分为若干个顺序相连的阶段，这些阶段称为步（Step）。那么步是如何划分的呢？主要是根据系统输出状态的改变，即将系统输出的每一个不同状态划分为一步。在任意一步之内，系统各输出量的状态是不变的，但是相邻两步输出量的状态是不同的。

与系统的初始状态相对应的步称为初始步，初始状态一般是系统等待启动命令的相对静止的状态。初始步用双线矩形框表示，可以看出图 14-3 中的 M0.0 为初始步，每一个顺序功能图至少应该有一个初始步。

步中可以用数字表示该步的编号，也可以用代表该步的编程元件的地址如 M0.0 等作为步的编号，这样在根据顺序功能图设计梯形图时较为方便。

图 14-3   组合机床动力头控制的
顺序功能图

2. 活动步

当系统正处于某一步所在的阶段时，称该步处于活动状态，即该步为"活动步"，可以通过编程元件的位状态来表征步的状态。步处于活动状态时，执行相应的动作。

3. 有向连线与转换条件

有向连线表明步的转换过程，即系统输出状态的变化过程。顺序控制中，系统输出状态的变化过程是按照规定的程序进行的，顺序功能图中的有向连线就是该顺序的体现。如果有向连线的方向是从上到下或从左至右，则有向连线上的箭头可以省略；否则应在有向连线上用箭头注明步的进展方向。

转换将相邻两步分隔开，用于表示不同的步或系统不同的状态。步的活动状态的进展是由转换的实现来完成的，并与控制过程的发展相对应。

转换条件是实现步的转换的条件，即系统从一个状态进展到下一个状态的条件。转换条件可以是外部的输入信号，如按钮、指令开关、限位开关的接通/断开等，也可以是 PLC 内部产生的信号，如定时器、计数器常开触点的接通等。转换条件还可能是若干个信号的与、或、非逻辑组合。可以用文字语言、布尔代数表达式或图形符号标注表示转换条件。

4. 子步

在顺序功能图中，某一步可以包含一系列子步和转换，通常这些序列表示系统的一个完整的子功能。使用子步可在总体设计时突出系统的主要矛盾，帮助设计者用更加简洁的方式表示系统的整体功能和概貌，而不是一开始就陷入某些细节之中。设计者可以从最简单的对整个系统的全面描述开始，然后画出更详细的顺序功能图，子步中还可以包含更详细的子步。这种设计方法的逻辑性很强，可以减少设计中的错误，缩短总体设计和查错需要的时间。

综上所述，顺序功能图是描述控制系统的控制过程、功能和特性的一种图形，并不涉及所描述的控制功能的具体技术，而是一种通用的技术语言，可以供进一步设计和不同专业的人员之间进行技术交流之用。

1994 年 5 月公布的 IEC 可编程序控制器标准（IEC1131）中，顺序功能图被确定为可编程序控制器位居首位的编程语言。我国也在 1986 年颁布了顺序功能图的国家标准GB6988.6—1986。

二、顺序控制的设计思想

顺序控制设计法最基本的思想是将系统的一个工作周期划分为称为步的若干个顺序相连的阶段，并用编程元件（例如位存储器 M 和顺序控制继电器 S）来代表各步。用转换条件控制代表各步的编程元件，让它们的状态按一定的顺序变化，然后用代表各步的编程元件去控制 PLC 的各输出位。

引入两类对象的概念使转换条件与操作动作在逻辑关系上分离。步序发生器根据转换条件发出步序标志，而步序标志再控制相应的操作动作。步序标志类似于令牌，只有取得令牌，才能操作相应的动作。

经验设计法通过记忆、联锁、互锁等方法来处理复杂的输入输出关系，而顺序控制设计法则是用输入控制代表各步的编程元件（如位存储器 M），再通过编程元件来控制输出，从而实现了输入/输出的分离。

顺序功能图的
设计思考

三、使用置位复位指令

前面学过的置位复位指令具有记忆功能，每步正常的维持时间不受转换条件信号持续时间长短的影响，因此不需要自锁。另外，采用置位复位指令在步序的传递过程中能避免两个及以上的标志同时有效，因此也不用考虑步序间的互锁。

对于图 14-3 所示的单序列顺序功能图，采用置位复位法实现的梯形图程序如图 14-4 所示。图 14-4 中的"程序段 1"的作用是初始化所有将要用到的步序标志。在实际工程中，程序初始化非常重要。

四、使用移动指令和比较指令

前面学过的置位复位指令具有记忆功能，每步正常的维持时间不受转换条件信号持续时间长短的影响，因此不需要自锁。另外，采用移动指令在步序的传递过程中能避免两个步有效，因此也不用考虑步序间的互锁。

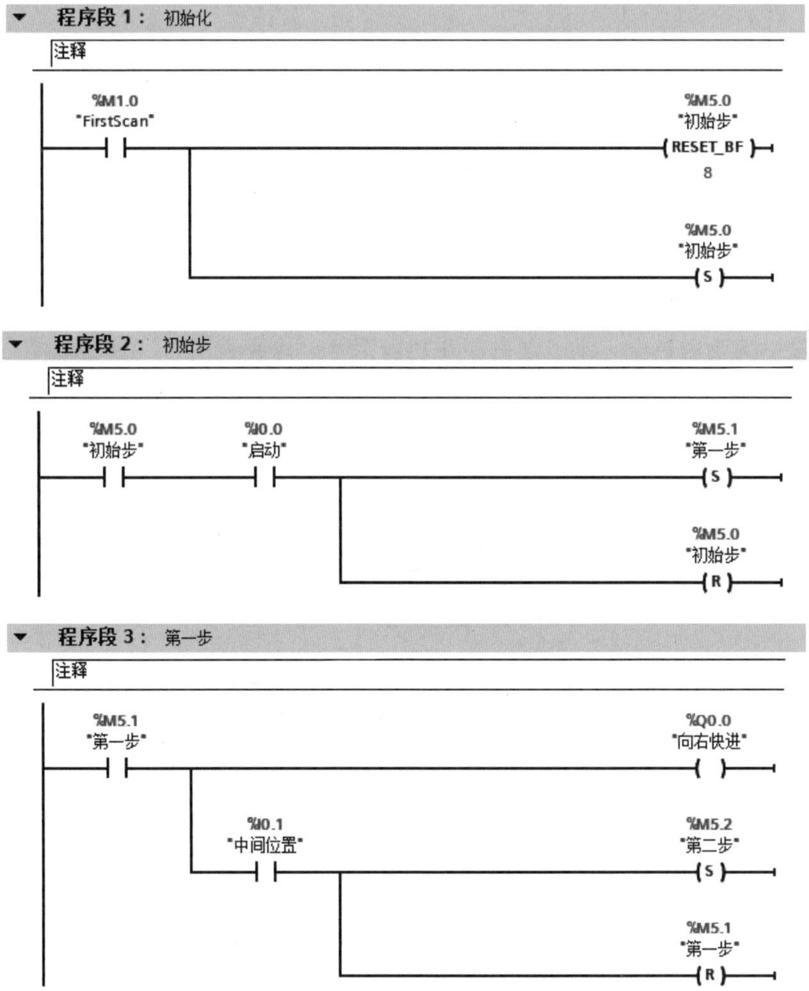

图 14-4

▼ **程序段 4：** 第二步

注释

```
        %M5.2                                                    %Q0.1
        "第二步"                                                  "向右进给"
          ┤ ├─────┬───────────────                               ─( )─
                  │
                  │    %Q0.2                                      %M5.3
                  │    "终点位置"                                  "第三步"
                  └──────┤ ├──────────┬─────                     ─(S)─
                                      │
                                      │                          %M5.2
                                      │                          "第二步"
                                      └──────────                ─(R)─
```

▼ **程序段 5：** 第三步

注释

```
        %M5.3                                                    %Q0.2
        "第三步"                                                  "向左快退"
          ┤ ├─────┬───────────────                               ─( )─
                  │
                  │    %Q0.3                                      %M5.0
                  │    "初始位置"                                  "初始步"
                  └──────┤ ├──────────┬─────                     ─(S)─
                                      │
                                      │                          %M5.3
                                      │                          "第三步"
                                      └──────────                ─(R)─
```

图 14-4　组合机床动力头控制梯形图

组合机床动力头的进给运动控制的顺序功能图可以修改为图 14-5 所示。

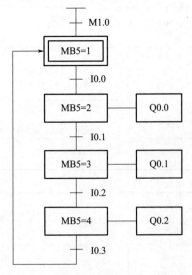

图 14-5　基于数据的顺序功能图

使用移动指令和比较指令后，组合机床动力头的进给运动控制的梯形图如图 14-6 所示。

程序段 1:　初始化

注释

```
  %M1.0
"FirstScan"          MOVE
    | |          EN ─── ENO
              1 ─ IN
                        %MB5
                  ❊ OUT1 ─ "Tag_1"
```

程序段 2:　初始步

注释

```
  %MB5
 "Tag_1"     %I0.0
    ==       "启动"           MOVE
   Byte      | |          EN ─── ENO
    1                  2 ─ IN
                                %MB5
                          ❊ OUT1 ─ "Tag_1"
```

程序段 3:　第一步

注释

```
  %MB5                                          %Q0.0
 "Tag_1"                                      "向右快进"
    ==                                          ─( )─
   Byte       %I0.1
    2        "中间位置"           MOVE
             | |          EN ─── ENO
                      3 ─ IN
                                %MB5
                          ❊ OUT1 ─ "Tag_1"
```

程序段 4:　第二步

注释

```
  %MB5                                          %Q0.1
 "Tag_1"                                      "向右进给"
    ==                                          ─( )─
   Byte       %I0.2
    3        "终点位置"           MOVE
             | |          EN ─── ENO
                      4 ─ IN
                                %MB5
                          ❊ OUT1 ─ "Tag_1"
```

程序段 5:　第三步

注释

```
  %MB5                                          %Q0.2
 "Tag_1"                                      "向左快退"
    ==                                          ─( )─
   Byte       %I0.3
    4        "初始位置"           MOVE
             | |          EN ─── ENO
                      1 ─ IN
                                %MB5
                          ❊ OUT1 ─ "Tag_1"
```

图 14-6　基于数据顺序控制的梯形图

任务实施

一、电气原理图

根据控制要求，完成 PLC 控制系统的电气原理图如图 14-7 所示。

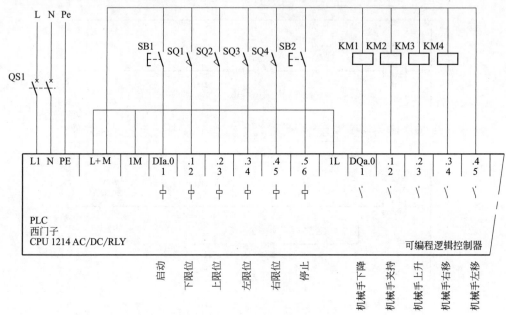

图 14-7　PLC 控制系统电气原理图

二、程序设计

本任务流程图可参考图 14-8 所示，完成顺序功能图的绘制，使用置位复位指令完成梯形图程序设计。

三、调试运行

① 根据控制要求，绘制 PLC 接线原理图，完成接线。
② 完成程序调试，直至满足控制要求，并记录最终程序。

 任务拓展　单按钮控制电机连续运行与停止

1. 控制要求

装配流水线模拟仿真控制模块如图 14-9 所示，工件从 A 号位装入，依次经过 B 号位、C 号位……G 号工位，然后入库。

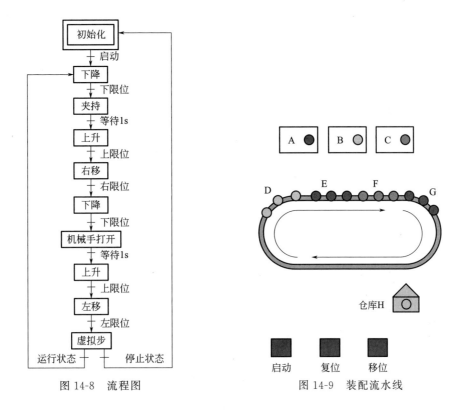

图 14-8　流程图　　　　　　　　　　　　　　图 14-9　装配流水线

复位完成的状态下，按下启动按钮，装配流水线进入运行状态。按一次性移位，工件进行一次移位，在移位的时候各工位停止工作。按复位按钮，各工位指示灯熄灭，代表复位完成。

2. 电气图纸

根据控制要求，PLC 控制系统的电气原理图如图 14-10 所示。

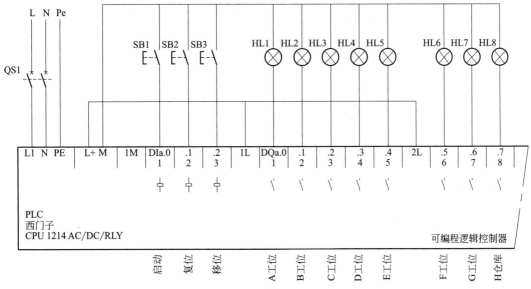

图 14-10　PLC 控制系统电气原理图

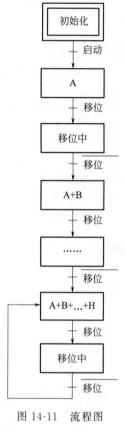

图 14-11　流程图

3. 程序设计

本任务流程图可参考图 14-11 所示，完成顺序功能图的绘制，使用移动指令和比较触点完成梯形图程序设计。

4. 调试运行

① 根据控制要求，绘制 PLC 接线原理图，完成接线。
② 完成程序调试，直至满足控制要求。

I/O 分配表

输入信号	功能	输出信号	功能
DIa. 0		DQa. 0	
DIa. 1		DQa. 1	
DIa. 2		DQa. 2	
DIa. 3		DQa. 3	
DIa. 4		DQa. 4	
DIa. 5		DQa. 5	
DIa. 6		DQa. 6	
DIa. 7		DQa. 7	

任务十五
十字路口交通灯运行控制

十字路口交通灯
运行控制

 任务导入

　　十字路口交通灯控制仿真如图 15-1 所示。信号灯受一个启动开关控制，当启动开关接通时，信号灯系统开始工作，且先南北红灯亮，东西绿灯亮。当启动开关断开时，所有信号灯都熄灭。

　　南北红灯亮维持 25s。东西绿灯亮维持 20s。到 20s 时，东西绿灯闪亮，闪亮 3s 后熄灭。在东西绿灯熄灭时，东西黄灯亮，并维持 2s。到 2s 时，东西黄灯熄灭，东西红灯亮，同时，南北红灯熄灭，绿灯亮。

　　东西红灯亮维持 25s。南北绿灯亮维持 20s，然后闪亮 3s 后熄灭。同时南北黄灯亮，维持 2s 后熄灭，这时南北红灯亮，东西绿灯亮，周而复始。

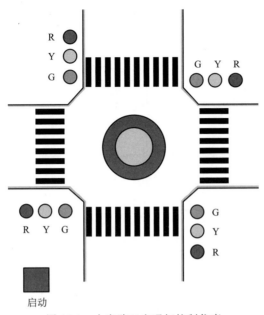

图 15-1   十字路口交通灯控制仿真

 知识学习

系统的可靠性

一、顺序功能图的基本结构

1. 单序列

图 15-2 所示的顺序功能图由一系列顺序连接的步组成，每一步的后面仅有一个转换，每一个转换的后面只有一个步，这样的顺序功能图结构称为单序列，图 15-2(a) 所示即为单序列的结构。

2. 选择序列

图 15-2(b) 所示的结构称为选择序列，选择序列的开始称为分支，可以看出步 M5.0 后面有一条水平连线，其后两个转换分别对应着转换条件。如果步 M5.0 是活动步，并且转换条件 I0.0＝1，则步 M5.0 向步 M5.1 发生转移；如果步 M5.0 是活动步，并且 I1.0＝1，则步 M5.0 向步 M6.1 发生转移。

选择序列的结束称为合并，几个选择序列合并到一个公共序列时，都需要有转换和转换条件来连接它们。如果步 M5.2 是活动步，并且转换条件 I0.2＝1，则步 M5.2 向步 M7.1 发生转移；如果步 M6.2 是活动步，并且 I1.2＝1，则步 M6.2 向步 M7.1 发生转移。

3. 并行序列

图 15-2(c) 所示的结构称为并行序列，并行序列用来表示系统的几个同时工作的独立部分的工作情况。并行序列的开始称为分支，当转换的实现导致几个序列同时激活时，这些序列称为并行序列。如果步 M5.0 是活动的，并且转换条件 I0.0＝1，步 M5.0 同时向 M5.1

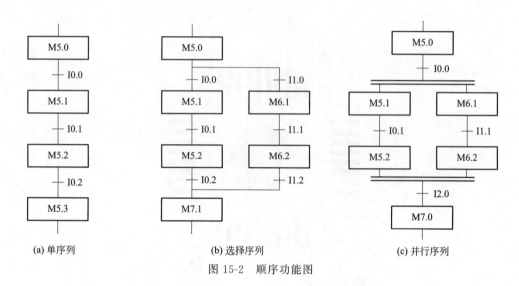

(a) 单序列　　　　　　　　　　(b) 选择序列　　　　　　　　　　(c) 并行序列

图 15-2　顺序功能图

和 M6.1 转移。为了强调转换的同步实现，水平连线用双线表示。步 M5.1 和步 M6.1 被同时激活后，每个序列中活动步的进展将是独立的。在表示同步的水平双线之上，只允许有一个转换符号。

并行序列的结束称为合并，在表示同步的水平双线之下，只允许有一个转换符号。只有当直接连在双线上的所有前级步，如步 M5.2 和步 M6.2 都处于活动步状态，并且转换条件 I2.0＝1 时，才有步 M7.0 变为活动步而步 M5.2 和步 M6.2 同时变为不活动步。

二、绘制顺序功能图的基本规则

1. 转换实现的条件

在顺序功能图中，步的活动状态的进展是由转换的实现来完成的。转换的实现必须同时满足以下两个条件。

① 该转换所有的前级步都是活动步。

② 相应的转换条件得到满足。

如果转换的前级步或后续步不止一个，则转换的实现称为同步实现。为了强调同步实现，有向连线的水平部分用双线表示。

转换实现的基本规则是根据顺序功能图设计梯形图的基础。

2. 转换实现应完成的操作

转换实现时应完成以下两个操作。

① 使所有由有向连线与相应转换符号相连的后续步都变为活动步。

② 使所有由有向连线与相应转换符号相连的前级步都变为不活动步。

绘制顺序功能图的以上规则针对不同的功能图结构有一定的区别。

① 在单序列中，一个转换仅有一个前级步和一个后续步。

② 在并行序列的分支处，转换有几个后续步，在转换实现时应同时将它们对应的编程元件置位。在并行序列的合并处，转换有几个前级步，它们均为活动步时才有可能实现转换，在转换实现时应将它们对应的编程元件全部复位。

③ 在选择序列的分支与合并处，一个转换实际上只有一个前级步和一个后续步，但是一个步可能有多个前级步或多个后续步。

三、绘制顺序功能图的注意事项

① 顺序功能图中两个步绝对不能直接相连，必须用一个转换将它们隔开。

② 顺序功能图中两个转换不能直接相连，必须用一个步将它们隔开。

③ 顺序功能图中的初始步一般对应于系统等待启动的初始状态，不要遗漏这一步。

④ 实际控制系统应能多次重复执行同一工艺过程，因此在顺序功能图中一般应有由步和有向连线组成的闭环回路，即在完成一次工艺过程的全部操作之后，应该根据工艺要求返回到初始步或下一工作周期开始运行的第一步。

⑤ 在顺序功能图中，只有当某一步的前级步是活动步时，该步才有可能变成活动步。如果用没有断电保持功能的编程元件代表各步，进入 RUN 工作方式时，它们均处于 OFF 状态，必须用第一个扫描周期置位的 M 存储器的常开触点或者在启动组织块中置位作为转换条件，将初始步预置为活动步，否则因顺序功能图中没有活动步，系统将无法工作。

 任务实施

一、电气原理图

根据控制要求，完成 PLC 控制系统的电气原理图如图 15-3 所示。

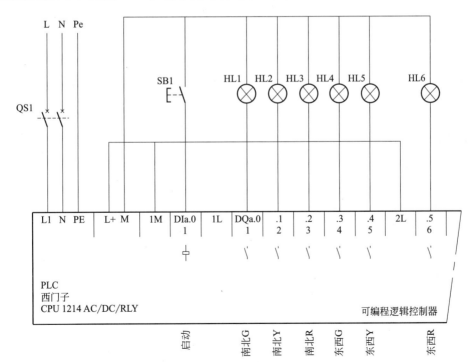

图 15-3　PLC 控制系统电气原理图

二、程序设计

本任务流程图可参考图 15-4 所示，完成顺序功能图的绘制，使用移动指令和比较触点完成梯形图程序设计。

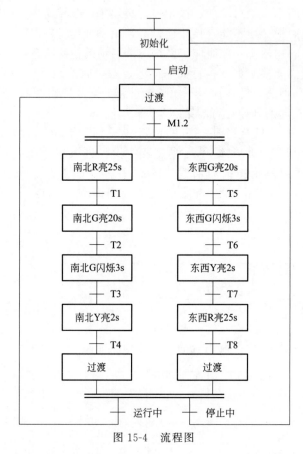

图 15-4　流程图

三、调试运行

① 根据控制要求，绘制 PLC 接线原理图，完成接线。
② 完成程序调试，直至满足控制要求。

 知识拓展　自动成型机仿真控制模块控制

1. 控制要求

图 15-5 位自动成型机仿真控制模块。

自动成型机由工作台、三只液压缸及所对应的电磁阀限位开关组成。自动成型系统的工作原理是用电磁阀控制液压缸工作，液压缸活塞产生巨大的压力，将加工件压至挡块，从而使得加工件成型。

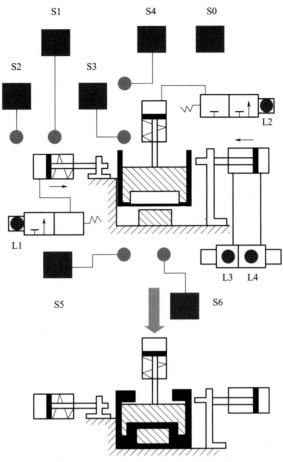

图 15-5　自动成型机仿真控制模块

启动运行，当按下启动按钮，系统复位，L3 打开。随即，L2 打开，上面的液压缸的活塞向下运动，下降到终点，触发 S3。此时，L2 关闭，同时启动左液压缸活塞向右运动，即 L1 打开。右液压缸活塞向左运动，即 L3 关闭，L4 打开。当左油缸向右到达终点时，触发 S1，引发 L1 关闭。当右油缸向左到达终点时，触发 S5，引发 L4 关闭。加工完成，系统断电，取出成品，放入原料后，按下启动按钮，重新启动，开始下一工件的加工。

同学们完成 I/O 分配表，绘制 PLC 控制原理图，设计程序，并完成程序调试。

2. 电气图纸

根据控制要求，完成 PLC 控制系统的电气原理图的绘制。

3. 程序设计

根据控制要求，完成程序设计，完成调试，并将 I/O 分配表和程序记录下来。

I/O 分配表

输入信号	功能	输出信号	功能
DIa. 0		DQa. 0	
DIa. 1		DQa. 1	

续表

输入信号	功能	输出信号	功能
DIa. 2		DQa. 2	
DIa. 3		DQa. 3	
DIa. 4		DQa. 4	
DIa. 5		DQa. 5	
DIa. 6		DQa. 6	
DIa. 7		DQa. 7	

项目五

S7-1200运动控制指令

👁 能力目标

◎ 能够构建 S7-1200 PLC 的运动控制系统，并能利用运动控制向导组态运动轴，使用运动控制面板进行调试以及编程等。

👁 知识目标

◎ 掌握 S7-1200 PLC 运动控制的组态及编程。

任务十六
步进电机的正反转控制

 任务导入

现有一台三相步进电机，步距角是 1.5°，假设步进电机的运行速度为 0.7cm/s，旋转一周需要 5000 个脉冲，电机的额定电流是 2.1A。控制要求：利用 PLC 控制步进电机正转和反转。

 知识学习

一丝不苟的精神

一、S7-1200 运动控制

S7-1200 运动控制根据连接驱动方式不同，分成三种控制方式，如图 16-1 所示。

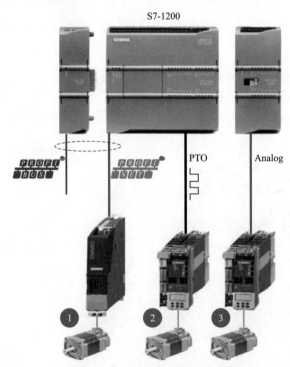
图 16-1　S7-1200 运动控制简介

PROFIdrive：S7-1200 PLC 通过基于 PROFIBUS/PROFINET 的 PROFIdrive 方式与支持 PROFIdrive 的驱动器连接，进行运动控制。

PTO：S7-1200 PLC 通过发送 PTO 脉冲的方式控制驱动器，可以是脉冲＋方向、A/B 正交，也可以是正/反脉冲的方式。

模拟量：S7-1200 PLC 通过输出模拟量来控制驱动器。

注意： 对于固件 V4.0 及其以下的 S7-1200 CPU 来说，运动控制功能只有 PTO 这一种方式。目前为止，1 个 S7-1200 PLC 最多可以控制 4 个 PTO 轴，该数值不能扩展。

1. S7-1200 运动控制——PROFIdrive 控制方式

PROFIdrive 是通过 PROFIBUS 和 PROFINET 连接驱动装置和编码器的标准化驱动技术配置文件，如图 16-2 所示。

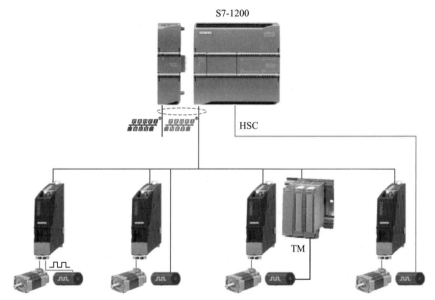

图 16-2　PROFIdrive 控制

支持 PROFIdrive 配置文件的驱动装置都可根据 PROFIdrive 标准进行连接。控制器和驱动装置/编码器之间通过各种 PROFIdrive 消息帧进行通信。

每个消息帧都有一个标准结构。可根据具体应用，选择相应的消息帧。通过 PROFIdrive 消息帧，可传输控制字、状态字、设定值和实际值。

注意： 固件 V4.1 开始的 S7-1200 CPU 才具有 PROFIdrive 的控制方式。这种控制方式可以实现闭环控制。

2. S7-1200 运动控制——PTO 控制方式

PTO 的控制方式是目前为止所有版本的 S7-1200 CPU 都有的控制方式，该控制方式由 CPU 向轴驱动器发送高速脉冲信号（以及方向信号）来控制轴的运行，如图 16-3 所示。这种控制方式是开环控制。

3. S7-1200 运动控制——模拟量控制方式

固件 V4.1 开始的 S7-1200 PLC 的另外一种运动控制方式是模拟量控制方式。以 CPU1215C 为例，本机集成了 2 个 AO 点，如果用户只需要 1 或 2 轴的控制，则不需要扩展模拟量模块。然而，CPU1214C 这样的 CPU，本机没有集成 AO 点，如果用户想采用模拟量控制方式，则需要扩展模拟量模块。

　　模拟量控制方式也是一种闭环控制方式，编码器信号有 3 种方式反馈到 S7-1200 CPU 中，如图 16-4 所示。

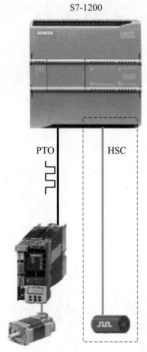

图 16-3　PTO 控制方式

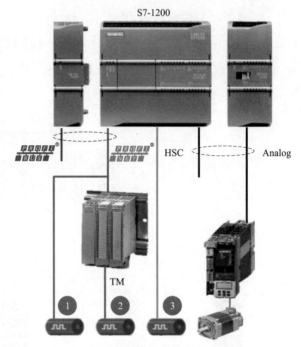

图 16-4　模拟量控制方式

4. S7-1200 运动控制组态步骤简介

　　① 在 Portal 软件中对 S7-1200 CPU 进行硬件组态；
　　② 插入轴工艺对象，设置参数，下载项目；
　　③ 使用"调试面板"进行调试；
　　S7-1200 运动控制功能的调试面板是一个重要的调试工具，使用该工具的节点是在编写控制程序前，用来测试轴的硬件组件以及轴的参数是否正确。
　　④ 调用"工艺"程序进行编程，并调试，最终完成项目的编写。

二、工艺对象 PTO 参数组态

　　添加了"工艺对象：轴"后，可以在图 16-5 右上角看到工艺对象包含两种视图："功能图"和"参数视图"。

1. 基本参数——常规

　　如图 16-5 所示，基本参数中的"常规"参数包括"轴名称""驱动器"和"测量单位"。
　　① 轴名称：定义该工艺轴的名称，用户可以采用系统默认值，也可以自行定义。
　　② 驱动器：选择通过 PTO（CPU 输出高速脉冲）的方式控制驱动器。
　　③ 测量单位：Portal 软件提供了几种轴的测量单位，包括：脉冲、距离和角度。距离

有 mm（毫米）、m（米）、in（英寸 inch）、ft（英尺 foot）；角度是°（360 度）。

图 16-5　常规参数功能卡

如果是线性工作台，一般都选择线性距离：mm（毫米）、m（米）、in（英寸 inch）、ft（英尺 foot）为单位；旋转工作台可以选择°（360 度）。不管是什么情况，用户也可以直接选择脉冲为单位。

2. 基本参数——驱动器

选择 PTO 的方式控制驱动器，需要进行配置脉冲输出点等参数，如图 16-6 所示。

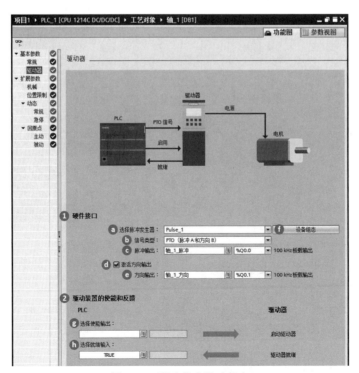

图 16-6　驱动器参数功能卡

① 硬件接口：

a. 选择脉冲发生器：选择在"设备视图"中已组态的 PTO。

b. 信号类型：分成 4 种（前面已介绍过），根据驱动器信号类型进行选择。在这里以 PTO（脉冲 A 和方向 B）为例进行说明。

c. 脉冲输出：根据实际配置，自由定义脉冲输出点；或是选择系统默认脉冲输出点。

d. 激活方向输出：是否使能方向控制位。如果在 b 步，选择了 PTO（正数 A 和倒数 B）或是 PTO（A/B 相移）或是 PTO（A/B 相移-四倍频），则该处是灰色的，用户不能进行修改。

e. 方向输出：根据实际配置，自由定义方向输出点；或是选择系统默认方向输出点。也可以去掉方向控制点，在这种情况下，用户可以选择其他输出点作为驱动器的方向信号。

f. 设备组态：点击该按钮可以跳转到"设备视图"，方便用户回到 CPU 设备属性修改组态。

② 驱动装置的使能和反馈

g. 选择使能输出：步进或是伺服驱动器一般都需要一个使能信号，该使能信号的作用是让驱动器通电。在这里用户可以组态一个 DO 点作为驱动器的使能信号。当然也可以不配置使能信号，这里为空。

h. 选择就绪输入："就绪信号"指的是：如果驱动器在接收到驱动器使能信号之后准备好开始执行运动时会向 CPU 发送"驱动器准备就绪"（Drive ready）信号。这时，在？处可以选择一个 DI 点作为输入 PLC 的信号；如果驱动器不包含此类型的任何接口，则无需组态这些参数。这种情况下，为准备就绪输入选择值 TRUE。

3. 扩展参数——机械

扩展参数——机械主要设置轴的脉冲数与轴移动距离的参数对应关系。如图 16-7 所示。

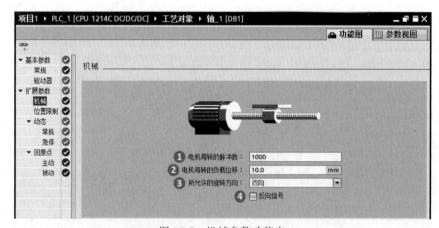

图 16-7 机械参数功能卡

① 电机每转的脉冲数：这是非常重要的一个参数，表示电机旋转一周需要接收多少个脉冲。该数值是根据用户的电机参数进行设置的。

② 电机每转的负载位移：这也是一个很重要的参数，表示电机每旋转一周，机械装置移动的距离。比如，某个直线工作台，电机每转一周，机械装置前进 1mm，则该设置成 1.0mm。

注意：如果用户在前面的"测量单位"中选择了"脉冲"，则②处的参数单位就变成了

"脉冲"，表示的是电机每转的脉冲个数，在这种情况下①和②的参数一样。

③ 所允许的旋转方向：有三种设置，分别为双向、正方向和负方向。表示电机允许的旋转方向。如果尚未在"PTO（脉冲 A 和方向 B）"模式下激活脉冲发生器的方向输出，则选择受限于正方向或负方向。

④ 反向信号：如果使能反向信号，效果是当 PLC 端进行正向控制电机时，电机实际是反向旋转。

4. 扩展参数——位置限制

这部分的参数是用来设置软件/硬件限位开关。软件/硬件限位开关是用来保证轴能够在工作台的有效范围内运行，当轴由于故障超过的限位开关，不管轴碰到了是软限位还是硬限位，轴都是停止运行并报错。

限位开关一般是按照图 16-8 的关系进行设置的。

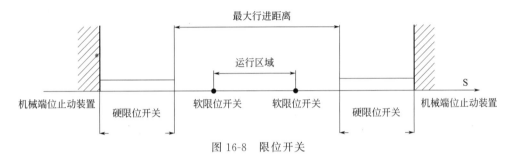

图 16-8　限位开关

软限位的范围小于硬件限位，硬件限位的位置要在工作台机械范围之内。如图 16-9 所示。

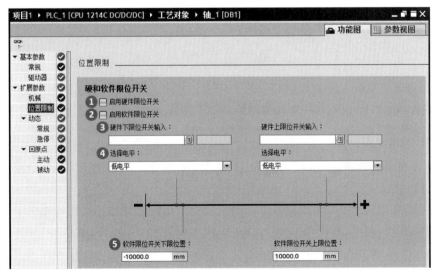

图 16-9　位置限制参数功能卡

① 启动硬件限位开关：激活硬件限位功能。

② 启动软件限位开关：激活软件限位功能。

③ 硬件上/下限位开关输入：设置硬件上/下限位开关输入点，可以是 S7-1200 CPU 本体上的 DI 点，如果有 SB 信号板，也可以是 SB 信号板上的 DI 点。

④ 选择电平：设置硬件上/下限位开关输入点的有效电平，一般设置成底电平有效。

⑤ 软件上/下限位开关输入：设置软件位置点，用距离、脉冲或是角度表示。

注意： 用户需要根据实际情况来设置该参数，不要盲目使能软件和硬件限位开关。这部分参数不是必须使能的。

5. 扩展参数——动态

扩展参数——动态包括"常规"和"急停"两部分。

"常规"——这部分参数也是轴参数中重要部分。如图 16-10 所示。

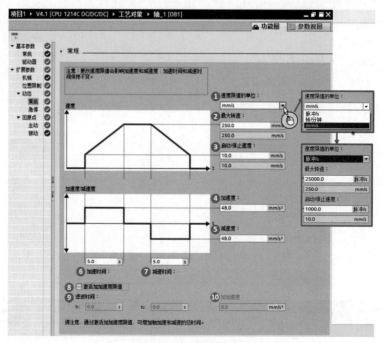

图 16-10   动态——"常规"参数功能卡

① 速度限制的单位：设置参数②"最大转速"和③"启动/停止速度"的显示单位。

无论"基本参数——常规"中的"测量单位"组态了怎样的单位，在这里有两种显示单位是默认可以选择的，包括"脉冲/s"和"转/分钟"。

根据前面"测量单位"的不同，这里可以选择的选项也不用。比如：本例子中在"基本参数——常规"中的"测量单位"组态了 mm，这样除了包括"脉冲/s"和"转/分钟"之外又多了一个 mm/s。

② 最大转速：这也是一个重要参数，用来设定电机最大转速。最大转速由 PTO 输出最大频率和电机允许的最大速度共同限定。

③ 启动/停止速度：根据电机的启动/停止速度来设定该值。

④ 加速度：根据电机和实际控制要求设置加速度。

⑤ 减速度：根据电机和实际控制要求设置减速度。

⑥ 加速时间：如果用户先设定了加速度，则加速时间由软件自动计算生成。用户也可以先设定加速时间，这样加速度由系统自己计算。

⑦ 减速时间：如果用户先设定了减速度，则减速时间由软件自动计算生成。用户也可以先设定减速时间，这样减速度由系统自己计算。

⑧ 激活加加速限值：激活加加速限值，可以降低在加速和减速斜坡运行期间施加到机械上的应力。如果激活了加加速度限值，则不会突然停止轴加速和轴减速，而是根据设置的步进或平滑时间逐渐调整。

⑨ 滤波时间：如果用户先设定了加加速度，则滤波时间由软件自动计算生成。用户也可以先设定滤波时间，这样加加速度由系统自己计算。

⑩ 加加速度：激活了加加速限值后，轴加减速曲线衔接处变平滑。如图 16-11 所示。

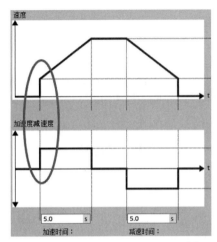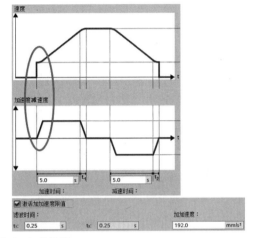

图 16-11　加加速度曲线

"急停" 参数

轴出现错误时，采用急停速度停止轴。使用 MC_Power 指令禁用轴时（StopMode＝0 或是 StopMode＝2）：

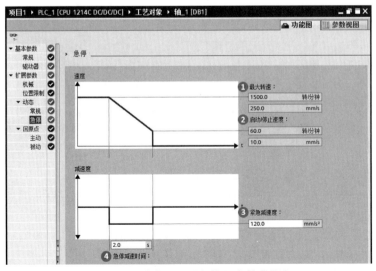

图 16-12　动态——"急停" 参数功能卡

① 最大转速：与 "常规" 中的 "最大转速" 一致；

② 启动/停止速度：与 "常规" 中的 "启动/停止速度" 一致；

③ 紧急减速度：设置急停速度；

④ 紧急减速时间：如果用户先设定了紧急减速度，则紧急减速时间由软件自动计算生成。用户也可以先设定紧急减速时间，这紧急减速度由系统自己计算。

6. 扩展参数——回原点

"原点"也可以叫做"参考点""回原点"或是"寻找参考点"的作用是：把轴实际的机械位置和 S7-1200 程序中轴的位置坐标统一，以进行绝对位置定位。

一般情况下，西门子 PLC 的运动控制在使能绝对位置定位之前必须执行"回原点"或是"寻找参考点"。

"扩展参数——回原点"分成"主动"和"被动"两部分参数。

"主动"

在这里的"扩展参数—回原点—主动"中"主动"就是传统意义上的回原点或是寻找参考点。当轴触发了主动回参考点操作，则轴就会按照组态的速度去寻找原点开关信号，并完成回原点命令。

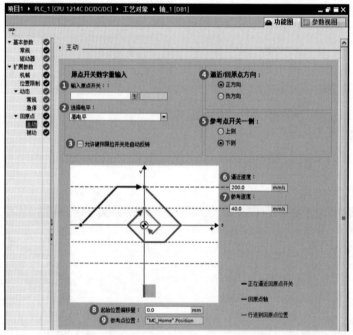

图 16-13　回原点——"主动"参数功能卡

① 输入原点开关：设置原点开关的 DI 输入点。

② 选择电平：选择原点开关的有效电平，也就是当轴碰到原点开关时，该原点开关对应的 DI 点是高电平还是低电平。

③ 允许硬件限位开关处自动反转：如果轴在回原点的一个方向上没有碰到原点，则需要使能该选项，这样轴可以自动调头，向反方向寻找原点。

④ 逼近/回原点方向：寻找原点的起始方向。也就是说触发了寻找原点功能后，轴是向"正方向"或是"负方向"开始寻找原点。

"被动"

被动回原点指的是：轴在运行过程中碰到原点开关，轴的当前位置将设置为回原点位置值。

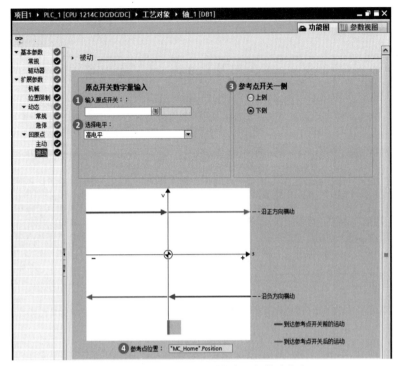

图 16-14 回原点——"被动"参数功能卡

① 输入原点开关：参考主动回原点中该项的说明。

② 选择电平：参考主动回原点中该项的说明。

③ 参考点开关一侧：参考主动回原点中第 5 项的说明。

④ 参考点位置：该值是 MC_Home 指令中"Position"管脚的数值。

三、程序指令

运动控制程序指令块使用 PTO 功能和"轴"工艺对象的接口控制运动机械的运行，运动控制指令块被用于传输指令到工艺对象，以完成处理和监视。S7-1200 运动控制指令块包括：MC_Power、MC_Reset、MC_Home、MC_Halt、MC_MoveAbsolute、MC_MoveRelative、MC_MoveVelocity 和 MC_MoveJog，下面一一介绍。

1. MC_Power 系统使能指令块

系统使能指令块如图 16-15 所示，其参数含义如表 16-1 所示。轴在运动之前必须先被使能。MC_Power 块的 Enable 端变为高电平后，CPU 按照工艺对象中组态好的方式使能外部伺服驱动，当 Enable 端变为低电平后，轴将按 StopMode 中定义的模式进行停车，当 Enable 端为 0 时，将按照组态好的急停方式停车；当 Enable 端值为 1 时将会立即终止输出。用户程序中，针对每个轴只能调用一次"启用和禁用轴"指令，需要指定背景数据块。

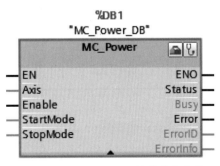

图 16-15 MC_Power 系统使能指令块

表 16-1　MC_Power 系统使能指令块的参数含义

参数和类型		数据类型	说明
Axis	IN_OUT	TO_Axis	轴工艺对象
Enable	IN	Bool	• FALSE（默认）：所有激活的任务都将按照参数化的"StopMode"而中止，并且轴也会停止 • TRUE：运动控制尝试启用轴
StartMode	IN	Int	• 0：速度控制 注：只有在信号检测（False 变为 True）期间才会评估 StartMode 参数 • 1：位置控制（默认）
StopMode	IN	Int	• 0：急停：如果禁用轴的请求未决，则轴将以组态的紧急减速度制动。轴在达到停止后被禁用 • 1：立即停止：如果禁用轴的请求未决，该轴将在不减速的情况下被禁用。脉冲输出立即停止 • 2：通过冲击控制进行急停：如果禁用轴的请求未决，则轴将以组态的急停减速度制动。如果激活了冲击控制，则不考虑组态的冲击。轴在达到停止后被禁用
Status	OUT	Bool	轴使能的状态： • FALSE：轴已禁用： -轴不会执行运动控制任务并且不接受任何新任务（例外：MC_Reset 任务） -轴未回原点 -禁用时，直到轴达到停止状态，状态才会更改为 FALSE • TRUE：轴已启用： -轴已准备好执行运动控制任务 -轴启用时，直到信号"驱动器就绪"（Drive ready）进入未决，状态才会更改为 TRUE。如果在轴组态中未组态"驱动器就绪"（Drive ready）驱动器接口，状态会立即更改为 TRUE
Busy	OUT	Bool	FALSE：MC_Power 无效 TRUE：MC_Power 已生效
Error	OUT	Bool	FALSE：无错误 TRUE：运动控制指令"MC_Power"或相关工艺发生错误。出错原因可在"ErrorID"和"ErrorInfo"参数中找到
ErrorID	OUT	Word	参数"Error"的错误 ID
ErrorInfo	OUT	Word	参数"ErrorID"的错误信息 ID

2. MC_Reset 错误确认指令块

错误确认指令块如图 16-16 所示，其参数含义如表 16-2 所示，需要指定背景数据块。

图 16-16　MC_Reset 指令

如果存在一个需要确认的错误。可通过上升沿激活 MC_Reset 块的 Execute 端，进行错误复位。

表 16-2　MC_Reset 指令块的参数

参数和类型		数据类型	说明
Axis	IN	TO_Axis_1	轴工艺对象
Execute	IN	Bool	出现上升沿时开始任务
Restart	IN	Bool	TRUE＝从装载存储器将轴组态下载至工作存储器。只有轴处于禁用状态时才能执行该命令 FALSE＝确认未决错误
Done	OUT	Bool	TRUE＝错误已确认
Busy	OUT	Bool	TRUE＝正在执行任务
Error	OUT	Bool	TRUE＝任务执行期间出错。出错原因可在"ErrorID"和"ErrorInfo"参数中找到
ErrorID	OUTP	Word	参数"Error"的错误 ID
ErrorInfo	OUT	Word	参数"ErrorID"的错误信息 ID

3. MC_Home 回原点/设置原点指令块

回原点/设置原点指令块如图 16-17 所示，其参数含义如表 16-3 所示，需要指定背景数据块。该指令块用于定义原点位置，上升沿使能 Execute 端，指令块按照模式中定义好的值执行定义参考点的功能，回参考点过程中，轴在运行中时，MC_Home 指令块中的 Busy 位始终输出高电平，一旦整个回参考点过程执行完毕，工艺对象数据块中的 HomingDone 位被置 1。

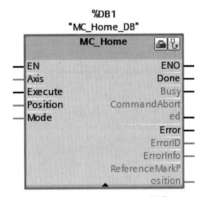

图 16-17　MC_Home 指令

表 16-3　MC_Home 指令的参数

参数和类型		数据类型	说明
Axis	IN_OUT	TO_Axis	轴工艺对象
Execute	IN	Bool	出现上升沿时开始任务
Position	IN	Real	• Mode＝0、2 和 3（完成回原点操作后轴的绝对位置） • Mode＝1（当前轴位置的校正值） • Mode＝6（当前位置位移参数"MC_Home.Position"的值。） • Mode＝7（当前位置设置为参数"MC_Home.Position"的值。） 限值：−1.0e12≤Position≤1.0e12
Mode	IN	Int	归位模式： • 0：绝对式直接回原点 新的轴位置为参数"Position"的位置值 • 1：相对式直接回原点 新的轴位置为当前轴位置＋参数"Position"的位置值

参数和类型		数据类型	说明
Mode	IN	Int	• 2：被动回原点 根据轴组态回原点。回原点后，参数"Position"的值被设置为新的轴位置 • 3：主动回原点 按照轴组态进行参考点逼近。回原点后，参数"Position"的值被设置为新的轴位置 • 6：将当前位置位移参数"MC_Home. Position"的值 计算出的绝对值偏移值始终存储在 CPU 内。(<Axis name>. StatusSensor. AbsEncoderOffset) • 7：将当前位置设置为参数 "MC_Home. Position"的值。计算出的绝对值偏移值始终存储在 CPU 内 (<Axis name>. StatusSensor. AbsEncoderOffset)

4. MC_Halt 停止轴指令块

停止轴指令如图 16-18 所示，其参数含义如表 16-4 所示，需要指定背景数据块。MCHalt 块用于停止轴的运动，每个被激活的运动指令，都可由此块停止，上升沿使能 Execute 后，轴会立即按组态好的减速曲线停车。

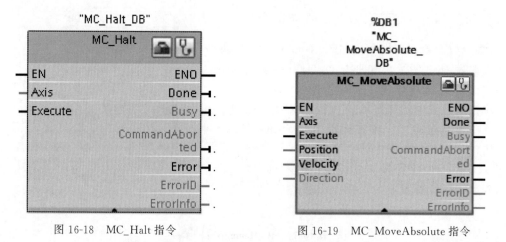

图 16-18 MC_Halt 指令   图 16-19 MC_MoveAbsolute 指令

表 16-4 MC_Halt 指令的参数

参数和类型		数据类型	说明
Axis	IN	TO_Axis_1	轴工艺对象
Execute	IN	Bool	出现上升沿时开始任务

5. MC_MoveAbsolute 绝对位移指令块

绝对位移指令块如图 16-19 所示，其参数含义如表 16-5 所示，需要指定背景数据块。MC_MoveAbsolute 指令块需要在定义好参考点建立起坐标系统后才能使用，通过指定参数可到达机械限位内的任意一点。当上升沿使能调用选项后，系统会自动计算当前位置与目标位置之间的脉冲数，并加速到指定速度，在到达目标位置时减速到启动/停止速度。

表 16-5　MC_MoveAbsolute 指令的参数

参数和类型		数据类型	说明
Axis	IN	TO_Axis_1	轴工艺对象
Execute	IN	Bool	出现上升沿时开始任务（默认值：False）
Position	IN	Real	绝对目标位置（默认值：0.0） 限值：－1.0e12≤Position≤1.0e
Velocity	IN	Real	轴的速度（默认值：10.0） 由于组态的加速度和减速度以及要逼近的目标位置的原因，并不总是能达到此速度 限值：启动/停止速度≤Velocity≤最大速度
Direction	IN	Int	旋转方向（默认值：0）

6. MC_MoveRelative 相对位移指令块

相对位移指令块如图 16-20 所示，其参数含义如表 16-6 所示，需要指定背景数据块。相对位移指令块不需要建立参考点，只需定义运行距离、方向及速度。当上升沿使能 Execute 端后，轴按照设置好的距离与速度运行，其方向根据距离值的符号（＋/－）决定。

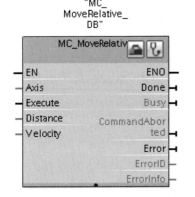

图 16-20　MC_MoveRelative 指令

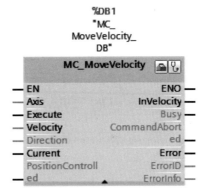

图 16-21　MC_MoverVelocity 指令

表 16-6　MC_MoveRelative 指令的参数

参数和类型		数据类型	说明
Axis	IN	TO_Axis_1	轴工艺对象
Execute	IN	Bool	出现上升沿时开始任务（默认值：False）
Distance	IN	Real	定位操作的行进距离（默认值：0.0） 限值：－1.0e12≤Distance≤1.0e12
Velocity	IN	Real	轴的速度（默认值：10.0） 由于组态的加速度和减速度以及要行进的距离的原因，并不总是能达到此速度。 限值：启动/停止速度≤Velocity≤最大速度

7. MC_MoverVelocity 目标转速运动指令块

目标转速运动指令块如图 16-21 所示，其参数含义如表 16-7 所示，需要指定背景数据块。MC_MoverVelocity 指令块可使轴按预设速度运动，需要在 Velocity 端设定速度，并在上升沿使能 Execute 端，激活此指令块。使用 MC_Halt 指令块可使运动的轴停止。

表 16-7 MC_MoverVelocity 指令的参数

参数和类型		数据类型	说明
Axis	IN	TO_SpeedAxis	轴工艺对象
Execute	IN	Bool	出现上升沿时开始任务（默认值：False）
Velocity	IN	Real	指定轴运动的速度（默认值：10.0）100.0） 限值：启动/停止速度≤｜Velocity｜≤最大速度 （允许 Velocity＝0.0）
Direction	IN	Int	指定方向： • 0：旋转方向与参数 "Velocity" 中的值符号一致（默认值） • 1：正旋转方向（参数 "Velocity" 的值符号被忽略。） • 2：负旋转方向（参数 "Velocity" 的值符号被忽略。）
Current	IN	Bool	保持当前速度： • FALSE：禁用 "保持当前速度"。使用参数 "Velocity" 和 "Direction" 的值。（默认值） • TRUE：激活 "保持当前速度"。不考虑参数 "Velocity" 和 "Direction" 的值 当轴继续以当前速度运动时，参数 "InVelocity" 返回 值 TRUE
PositionControlled	IN	Bool	• 0：速度控制 • 1：位置控制（默认值：True）

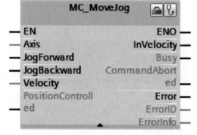

图 16-22 MC_MoveJog 指令

8. MC_MoveJog 点动指令块

点动指令块如图 16-22 所示，其参数含义如表 16-8 所示，需要指定背景数据块。MC_MoveJog 指令块可让轴运行在点动模式，首先要在 Velocity 端设置好点动速度，然后置位向前点动和向后点动端，当 JogForward 或 JogBackward 端复位时点动停止。轴在运行时，Busy 端被激活。

表 16-8 MC_MoveJog 指令的参数

参数和类型	数据类型	说明
Axis	TO_SpeedAxis	轴工艺对象
JogForward	Bool	只要此参数为 TRUE，轴就会以参数 "Velocity" 中指定的速度沿正向移动。参数 "Velocity" 的值符号被忽略。（默认值：False）
JogBackward	Bool	只要此参数为 TRUE，轴就会以参数 "Velocity" 中指定的速度沿负向移动。参数 "Velocity" 的值符号被忽略。（默认值：False）
Velocity	Real	点动模式的预设速度（默认值：10.0）100.0） 限值：启动/停止速度≤｜Velocity｜≤最大速度
PositionControlled	Bool	• 0：速度控制 • 1：位置控制（默认值：True）

任务实施

一、硬件接线

根据系统的控制要求，采用西门子 1214 DC/DC/DC PLC 控制步进电机驱动器未完成步进电机的正反转控制。控制系统如图 16-23 所示。

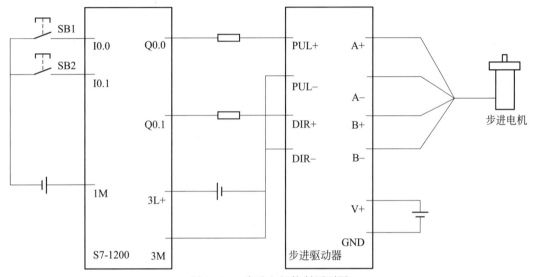

图 16-23 步进电机控制原理图

二、程序设计

① 运动轴组态，调试。

② 程序编写。程序如图 16-24 所示。

步进电机控制

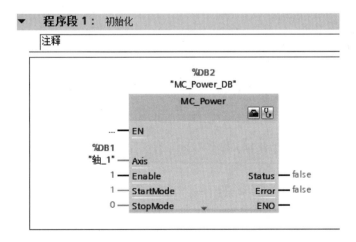

图 16-24

图 16-24　步进电机正反转控制程序

 知识拓展

一、S7-1200 PTO 控制方式——调试面板

调试面板是 S7-1200 运动控制中一个很重要的工具，用户在组态了 S7-1200 运动控制并把实际的机械硬件设备搭建好之后，先不要着急调用运动控制指令编写程序，而是先用"轴控制面板"来测试 Portal 软件中关于轴的参数和实际硬件设备接线等安装是否正确。

如图 16-25 所示，每个 TO_PositioningAsix 工艺对象都有一个"调试"选项，点击后可以打开"轴控制面板"，如图 16-25 所示。

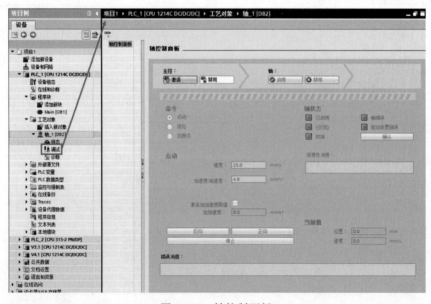

图 16-25　轴控制面板

当用户准备激活控制面板时，Portal 软件会提示用户：使能该功能会让实际设备运行，务必注意人员及设备安全。如图 16-26 如示。

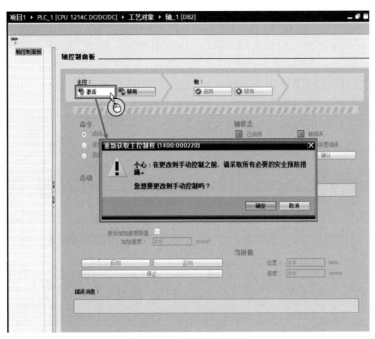

图 16-26　激活控制面板

当激活了"轴控制面板"后，并且正确连接到 S7-1200 CPU 后，用户就可以用控制面板对轴进行测试，如图 16-27 所示控制面板的主要区域。

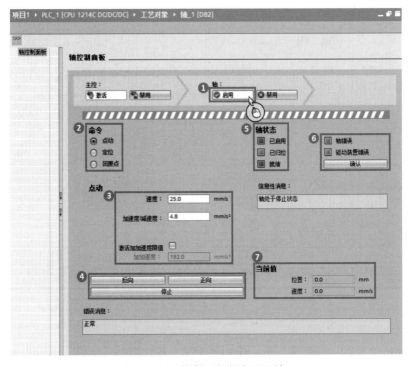

图 16-27　控制面板的主要区域

① 轴的启用和禁用：相当于 MC_Power 指令的"Enable"端。

② 命令：在这里分成三大类：点动，定位和回原点。

定位包括绝对定位和相对移动功能。

回原点可以实现 Mode 0（绝对式回原点）和 Mode 3（主动回原点）功能。

③ 根据不同运动命令，设置运行速度、加/减速度、距离等参数。

④ 每种运动命令的正/反方向设置、停止等操作。

⑤ 轴的状态位，包括了是否有回原点完成位。

⑥ 错误确认按钮，相当于 MC_Reset 指令的功能。

⑦ 轴的当前值，包括轴的实时位置和速度值。

以 Mode 0（绝对式回原点）为例进行说明控制面板的使用。如图 16-28 所示。

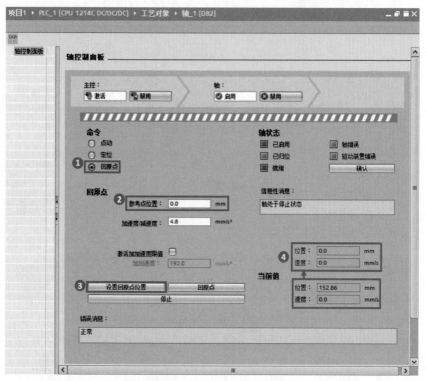

图 16-28　绝对式回原点

① 选择命令模式为回原点；

② 设置轴的当前位置值；

③ 点击"设置回原点位置"按钮；

④ 则轴的实际位置直接更新成参考点位置。

二、S7-1200 PTO 控制方式——诊断

"轴调试面板"进行调试时，可能会遇到轴报错的情况，用户可以参考"诊断"信息来定位报错原因，如图 16-29 所示。

通过"轴调试面板"测试成功后，用户就可以根据工艺要求，编写运动控制程序实现自动控制。

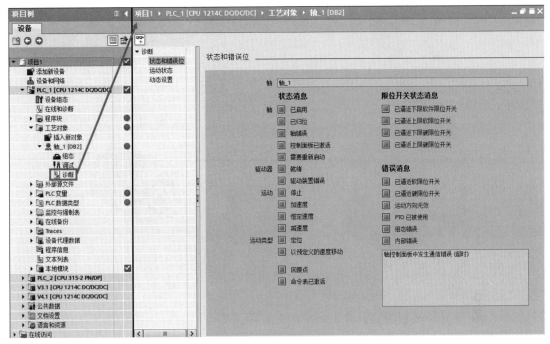

图 16-29　轴调试面板

任务十七
西门子 V90 驱动伺服电机的正反转控制

 任务导入

有一套传送带自动控制系统，由 S7-1200 控制西门子 V90 驱动伺服电机带动传送带实现正反转。控制系统如图 17-1 所示。

 知识学习

追求卓越的精神

一、基本知识

SINAMICS V90 伺服驱动和 SIMOTICS S-1FL6 伺服电机组成了性能优化、易于使用的伺服驱动系统，八种驱动类型，七种不同的电机轴高规格，功率范围从 0.05kW～7.0kW 以及单相和三相的供电系统使其可以广泛用于各行各业，如定位、传送、收卷等设备中，同时该伺服系统可以与 S7-1500T/S7-1500/S7-1200 进行完美配合，实现丰富的运动控制功能。

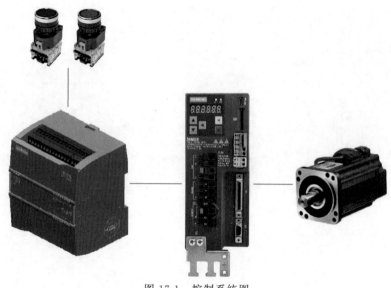

图 17-1   控制系统图

SINAMICS V90 根据不同的应用分为两个版本。

1. 脉冲序列版本（集成了脉冲，模拟量， USS/MODBUS）

SINAMICS V90 脉冲版本可以实现内部定位块功能，同时具有脉冲位置控制、速度控制、力矩控制模式。

2. PROFINET 通讯版本

SINAMICS V90 PN 版本集成了 PROFINET 接口，可以通过 PROFIdrive 协议与上位控制器进行通讯。

本教材介绍的为 PROFINET 通讯版本。

二、 SINAMICS V90 伺服驱动系统的亮点

1. 伺服性能优异

先进的一键优化及自动实时优化功能使设备获得更高的动态性能；自动抑制机械谐振频率；1MHz 的高速脉冲输入；支持不同的编码器类型，以满足不同的应用需求。

2. 易于使用

与控制系统的连接快捷简单；西门子一站式提供所有组件；快速便捷的伺服优化和机械优化；简单易用的 SINAMICS V-ASSISTANT 调试工具；通用 SD 卡参数复制；集成了 PTI，PROFINET，USS，Modbus RTU 多种上位接口方式。

3. 低成本

集成多种模式：外部脉冲位置控制、内部设定值位；置控制（通过程序步或 Modbus）、速度控制和扭矩控制；集成内部设定值位置控制功能；全功率驱动内置制动电阻；集成抱闸继电器（400V 型），无需外部继电器。

4. 运行可靠

高品质的电机轴承；电机防护等级 IP 65，轴端标配油封；集成安全扭矩停止（STO）功能。

三、SINAMICS V90 接线图

SINAMICS V90 PN 伺服驱动内置数字量输入/输出接口。可将驱动与西门子控制器 S7-200 SMART、S7-1200 或 S7-1500 相连。图 17-2 为 SINAMICS V90 PN 伺服系统的配置示例。

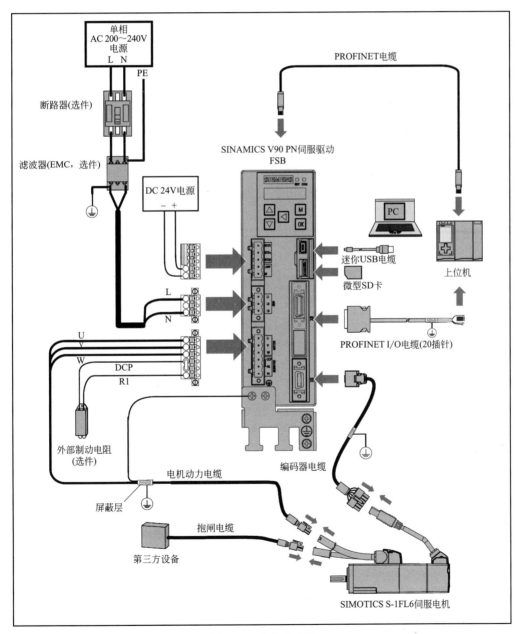

图 17-2　接线示意图

任务实施

项目步骤如下：

V90 控制

界面	操作步骤
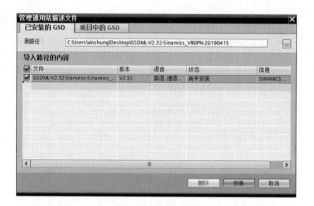	Step1　导入 V90,GSD 文件
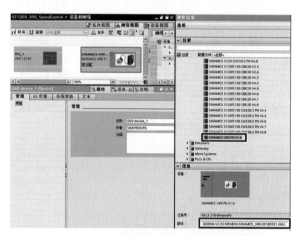	Step2　创建项目后,添加新设备 S7-1200 PLC；在网络视图中添加 V90 PN 设备
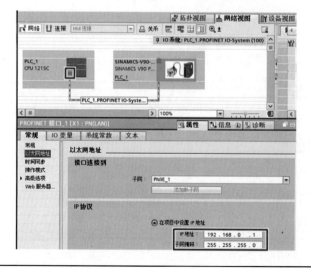	Step3　建立 V90 PN 与 PLC 的网络连接,设置 S7-1200IP 地址及设备名称

续表

界面	操作步骤
	Step4　设置 V90 PN 的 IP 地址及设备名称
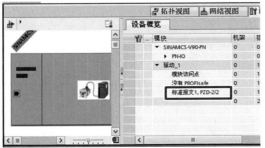	Step5　在设备视图中为 V90 配置标准报文 3
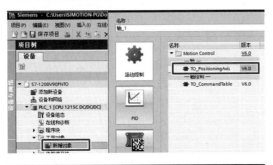	Step6　插入一个位置轴
	Step7　"驱动器"选择"PROFIdrive"

界面	操作步骤
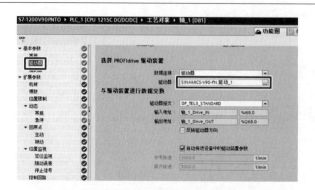	Step8　配置轴的驱动,选择连接到 PROFINET 总线上的 V90 PN
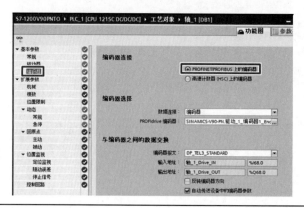	Step9　配置编码器的数据交换

　　在 OB1 中使用 MC_Power、MC_MoveAbsolute 等 PLC Open 标准程序块编写轴的位置控制程序,PLC Open 指令位于工艺指令目录下的运动控制文件夹中,命令相关说明请查看博途的帮助文件。

 知识拓展　S7-1200 对 V90 PN 进行速度控制

　　项目步骤如下:

界面	操作步骤
	Step1　创建项目后,添加新设备 S7-1200 PLC;在网络视图中添加 V90 PN 设备

界面	操作步骤
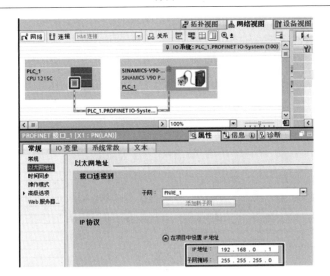	Step2　建立 V90 PN 与 PLC 的网络连接，设置 S7-1200IP 地址及设备名称
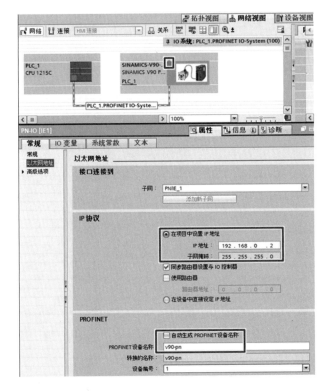	Step3　设置 V90 PN 的 IP 地址及设备名称
	Step4　在设备视图中为 V90 配置标准报文 3

界面	操作步骤
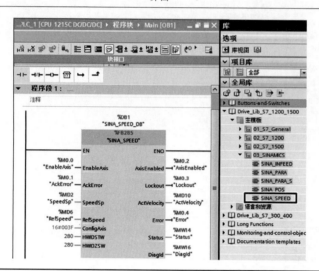	Step5　在 OB1 中将 S7_1200 中的 SINA_Speed 功能块拖拽到编程网络中（此功能块只能与报文 1 配合使用），进行速度控制

项目六

S7-1200通信指令

任务十八
S7-1200 之间的 S7 通信

任务导入

相互协作
齐心协力

有由两台 S7-1200 PLC 组成的控制系统。要求 S7-1200 CPU Clinet 将通讯数据区 DB1 块中的 10 个字节的数据发送到 S7-1200 CPU server 的接收数据区 DB1 块中；S7-1200 CPU Clinet 将 S7-1200 CPU server 发送数据区 DB2 块中的 10 个字节的数据读到 S7-1200 CPU Clinet 的接收数据区 DB2 块中。

根据控制要求，在两台 PLC 之间需能进行 S7 通信，通过通信来实现两台 PLC 之间的数据交换，那么，PLC 之间是如何进行通信的呢？

知识学习

一、通信基础

PLC 通信就是将地理位置不同的计算机、PLC、变频器及触摸屏等各种现场设备，通过通信介质连接起来，按照规定的通信协议，以某种特定的通信方式高效率地完成数据的传送、交换和处理。

1. 并行通信和串行通信

在数据信息通信时，按同时传送的位数来分，可以分为并行通信和串行通信。

① 并行通信，并行通信是指所传送的数据以字节或字为单位同时发送或接收，并行通信除了有 8 根或 16 根数据线、1 根公共线外，还需要有通信双方联络用的控制线并行通信传送数据速度快，但是传输线的根数多，抗干扰能力较差，一般用于近距离数据传输，如 PLC 的基本单元、扩展单元和特殊模块之间的数据传送。

② 串行通信，串行通信是以二进制的位为单位，一位一位地顺序发送或接收串行通信的特点是仅需一根或两根传送线，速度较慢，但适合于多数位、长距离通信。计算机和 PLC 都有通用的串行通信接口，如 RS-232C 或 RS-485 接口。在工业控制中计算机之间的通信方式一般采用串行通信方式。

2. 通信方式

在通信线路上按照数据传送方向可以划分为单工、半双工、全双工通信方式。

① 单工通信，单工通信就是指信息的传送始终保持同一个方向，而不能进行反向传送，如图 18-1 所示。其中 A 端只能作为发送端，B 端只能作为接收端。

② 半双工通信，半双工通信就是指信息流可以在两个方向上传送，但同一时刻只限于

图 18-1 单工通信

一个方向传送，如图 18-2 所示。其中 A 端发送 B 端接收，或者 B 端发送 A 端接收。

图 18-2 半双工通信

③ 全双工通信。全双工通信能在两个方向上同 A 时发送和接收数据，如图 18-3 所示。A 端和 B 端双方都可以一边发送数据，一边接收数据。

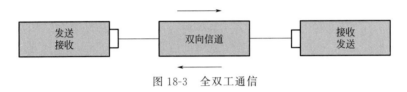

图 18-3 全双工通信

PLC 使用半双工或全双工异步通信方式。

二、以太网通信

工业以太网是用于 SIMATIC NET 开放通信系统的过程控制级和单元级的网络。物理上，工业以太网是一个基于屏蔽的、同轴双绞线的电气网络和光纤光学导线的光网络。工业以太网是由国际标准 IEEE 802.3 定义的。

1. S7-1200 CPU 的以太网网络物理连接

S7-200 SMART CPU 通过以太网端口可以在编程设备、HMI 和 CPU 之间建立物理连接。物理介质采用 RJ45 接口电缆（普通网线）。S7-200 SMART CPU 的以太网端口有两种硬件连接方式：直接连接和网络连接。

① 直接连接。当一个 S7-200 SMART CPU 与一个编程设备、HMI 或者另外一个 S7-200SMART CPU 通信时，实现的是直接连接，直接连接不需要使用交换机，使用网线直接连接两个设备即可。

② 网络连接。当通信设备超过两个时，需要使用交换机来实现网络连接，可以使用导轨安装的西门子 CSM12774 端口交换机来连接多个 CPU 和 HMI 设备。

2. S7 协议

S7 协议是专为西门子控制产品优化设计的通信协议，它是面向连接的协议，在进行数据交换之前，必须与通信伙伴建立连接。面向连接的协议具有较高的安全性。

连接是指两个通信伙伴之间为了执行通信服务建立的逻辑链路，而不是指两个站之间用物理介质实现的连接。S7 连接是需要组态的静态连接，静态连接要占用 CPU 的连接资源。

基于连接的通信分为单向连接和双向连接，S7-200 SMART 只有 S7 单向连接功能。单向连接中的客户机（Client）是向服务器（Server）请求服务的设备，客户机调用 GET/PUT 指令读、写服务器的存储区。服务器是通信中的被动方，用户不用编写服务器的 S7 通信程序，S7 通信是由服务器的操作系统完成的。

S7-200 SMART 的以太网端口支持以太网和基于 TCP/IP 的通信标准，该端口支持的通信类型有：1CPU 与 STEP7-Micro/WIN SMART 软件之间的通信；2CPU 与 HMI 之间的通信；3CPU 与其他 S7-200 SMART CPU 之间的 GET/PUT 通信，S7-200 SMART CPU 在以太网通信中，既可作为主动设备，也可作为从动设备。

三、GET 和 PUT 指令

可以使用 GET 和 PUT 指令通过 PROFINET 和 PROFIBUS 连接与 S7 CPU 通信。仅当在本地 CPU 属性的"保护"（Protection）属性中为伙伴 CPU 激活了"允许使用 PUT/GET 通信进行访问"（Permit access with PUT/GET communication）功能后，才可进行此操作。

1. GET 指令

使用指令"GET"，可以从远程 CPU 读取数据。在控制输入 REQ 的上升沿启动指令：要读出的区域的相关指针（ADDR_i）随后会发送给伙伴 CPU。伙伴 CPU 则可以处于 RUN 模式或 STOP 模式。

伙伴 CPU 返回数据：

① 如果回复超出最大用户数据长度，那么将在 STATUS 参数处显示错误代码"2"。

② 下次调用时，会将所接收到的数据复制到已组态的接收区（RD_i）中。

如果状态参数 NDR 的值变为"1"，则表示该动作已经完成。

只有在前一读取过程已经结束之后，才可以再次激活读取功能。如果读取数据时访问出错，或如果未通过数据类型检查，则会通过 ERROR 和 STATUS 输出错误和警告。

"GET"指令不会记录伙伴 CPU 上所寻址到的数据区域中的变化。

表 18-1 列出了"GET"指令的参数。

表 18-1　GET 指令参数

参数	声明	数据类型	存储区	说明
REQ	Input	BOOL	I、Q、M、D、L 或常量	控制参数 request,在上升沿激活数据交换功能
ID	Input	WORD	I、Q、M、D、L 或常量	用于指定与伙伴 CPU 连接的寻址参数
NDR	Output	BOOL	I、Q、M、D、L	状态参数 NDR： • 0:作业尚未开始或仍在运行 • 1:作业已成功完成
ERROR	Output	BOOL	I、Q、M、D、L	状态参数 ERROR 和 STATUS,错误代码: ERROR=0 　　STATUS 的值为: 　　　　• 0000H:既无警告也无错误; 　　　　<>0000H:警告。
STATUS	Output	WORD	I、Q、M、D、L	ERROR=1 出错。 STATUS 提供了有关错误类型的详细信息。

参数	声明	数据类型	存储区	说明
ADDR_1	InOut	REMOTE		指向伙伴 CPU 上待读取区域的指针
ADDR_2	InOut	REMOTE	I、Q、M、D	指针 REMOTE 访问某个数据块时，必须始终指定该数据块
ADDR_3	InOut	REMOTE		示例：P♯DB10.DBX5.0 字节 10
ADDR_4	InOut	REMOTE		
RD_1	InOut	VARIANT		
RD_2	InOut	VARIANT	I、Q、M、D、L	指向本地 CPU 上用于输入已读数据的区域的指针
RD_3	InOut	VARIANT		
RD_4	InOut	VARIANT		

2. PUT 指令

可使用"PUT"指令将数据写入一个远程 CPU。在控制输入 REQ 的上升沿启动指令：写入区指针（ADDR_i）和数据（SD_i）随后会发送给伙伴 CPU。伙伴 CPU 则可以处于 RUN 模式或 STOP 模式。

从已组态的发送区域中（SD_i）复制了待发送的数据。伙伴 CPU 将发送的数据保存在该数据提供的地址之中，并返回一个执行应答。

如果没有出现错误，下一次指令调用时会使用状态参数 DONE＝"1"来进行标识。上一作业已经结束之后，才可以再次激活写入过程。

如果写入数据时访问出错，或如果未通过执行检查，则会通过 ERROR 和 STATUS 输出错误和警告。

表 18-2 列出了"PUT"指令的参数。

表 18-2　PUT 指令参数

参数	声明	数据类型	存储区	说明
REQ	Input	BOOL	I,Q,M、D,L 或常量	控制参数 request,在上升沿时激活数据交换功能
ID	Input	WORD	I,Q,M、D,L 或常量	用于指定与伙伴 CPU 连接的寻址参数
DONE	Output	BOOL	I,Q,M、D,L	状态参数 DONE： • 　0：作业未启动，或者仍在执行之中 • 　1：作业已执行，且无任何错误
ERROR	Output	BOOL	I,Q,M,D,L	状态参数 ERROR 和 STATUS,错误代码： ERROR＝0
STATUS	Output	WORD	I,Q,M,D,L	STATUS 的值为： 　　0000H:既无警告也无错误； 　　＜＞0000H:警告。 ERROR＝1 出错。 STATUS 提供了有关错误类型的详细信息

续表

参数	声明	数据类型	存储区	说明
ADDR_1	InOut	REMOTE	I、Q、M、D	指向伙伴 CPU 上用于写入数据的区域的指针 指针 REMOTE 访问某个数据块时，必须始终指定该数据块 示例：P♯DB10.DBX5.0 字节 10 传送数据结构（例如 Struct）时，参数 ADDR_i 处必须使用数据类型 CHAR
ADDR_2	InOut	REMOTE		
ADDR_3	InOut	REMOTE		
ADDR_4	InOut	REMOTE		
SD_1	InOut	VARIANT	I、Q、M、D、L	指向本地 CPU 上包含要发送数据的区域的指针 仅支持 BOOL、BYTE、CHAR、WORD、INT、DWORD、DINT 和 REAL 数据类型 传送数据结构（例如 Struct）时，参数 SD_i 处必须使用数据类型 CHAR
SD_2	InOut	VARIANT		
SD_3	InOut	VARIANT		
SD_4	InOut	VARIANT		

 任务实施

S7 通信实践

一、使用博途生成项目

使用博途创建一个新项目，并通过"添加新设备"组态 S7-1200 站 client，选择 CPU1214C AC/DC/Rly V4.2（client IP：192.168.0.10）；接着组态另一个 S7-1200 站 server，选择 CPU1214C AC/DC/Rly V4.2（server IP：192.168.0.12），如图 18-4 所示。

二、网络配置

在"设备组态"中，选择"网络视图"栏进行配置网络，点中左上角的"连接"图标，连接框中选择"S7 连接"，然后选中 client CPU（客户端），右键选择"添加新的连接"，在创建新连接对话框内，选择连接对象"server CPU"，选择"主动建立连接"后建立新连接，如图 18-5 所示。

图 18-4　在新项目中插入 2 个 S7-1200 站点

三、连接及其属性说明

在中间栏的"连接"条目中，可以看到已经建立的"S7_连接_1"，如图 18-6 所示。

点中上面的连接，在"S7_连接_1"的连接属性中查看各参数，如图 18-7 所示。

在属性——常规选项卡中，显示连接双方的设备，IP 地址。

如图 18-8 所示，在本地 ID 中：显示通讯连接的 ID 号，这里 ID＝W♯16♯100（编程使用）。

如图 18-9 所示，在特殊连接属性中：可以选择是否为主动连接，这里 client 是主动建立连接。

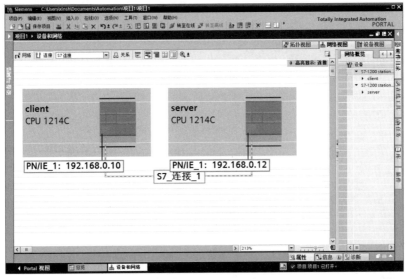

图 18-5　建立 S7 连接

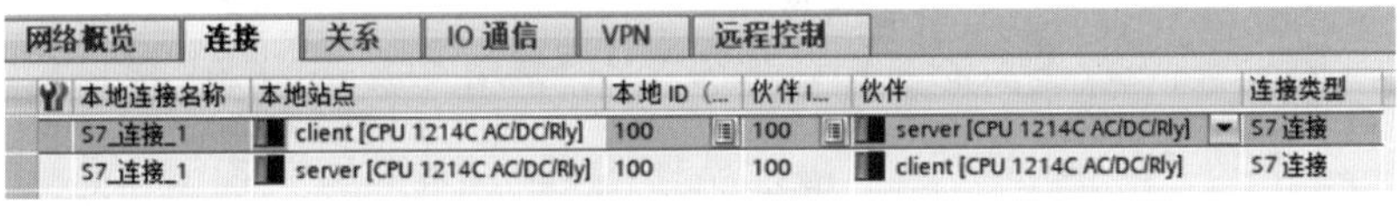

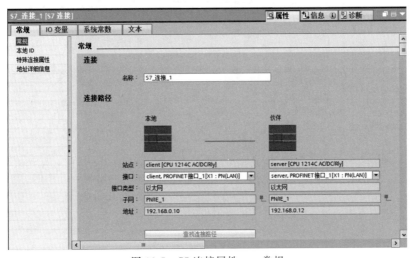

图 18-6　S7 连接

图 18-7　S7 连接属性——常规

如图 18-10 所示，在地址详细信息中：定义通讯双方的 TSAP 号，这里不需要修改。配置完网络连接，双方都编译存盘并下载。如果通讯连接正常，连接在线状态。

四、软件编程

在 S7-1200 两侧，分别创建发送和接收数据块 DB1 和 DB2，定义成 10 个字节的数组，如图 18-11 所示。

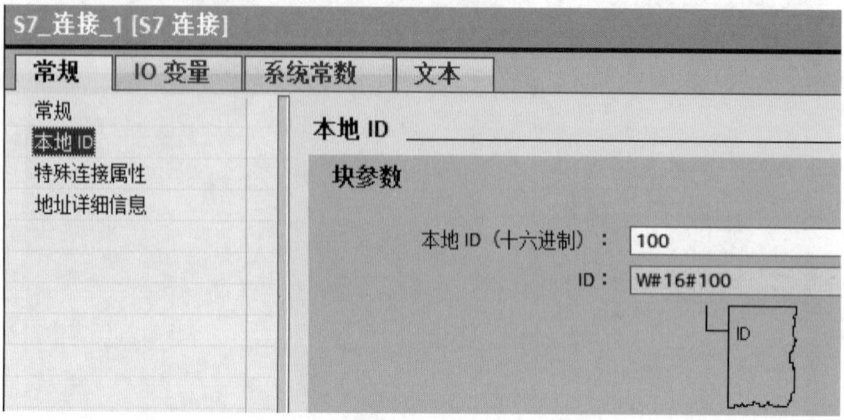

图 18-8　本地 ID

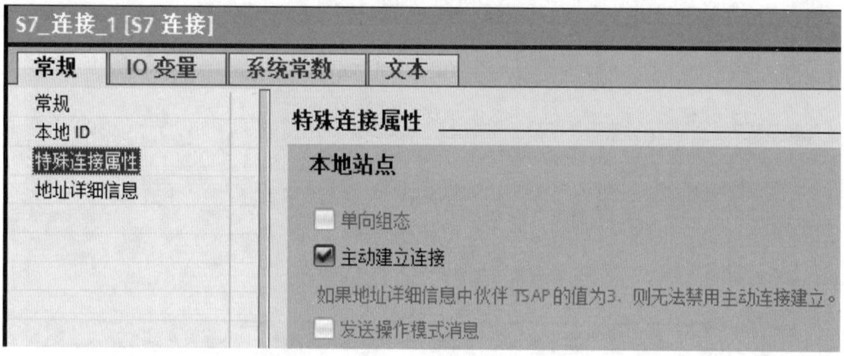

图 18-9　特殊连接属性

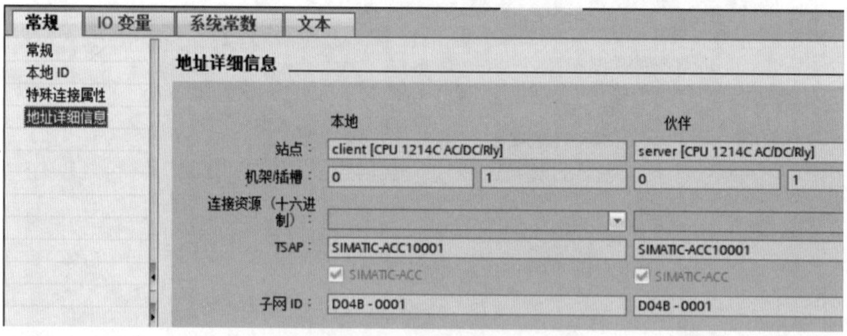

图 18-10　地址详细信息

注意：数据块的属性中，需要选择非优化块访问（把默认的钩去掉），如图 18-12 所示。

在主动建连接侧编程（client CPU），在 OB1 中，从 "Instruction" ＞ "Communication" ＞ "S7Communication" 下，调用 Get、Put 通信指令，如图 18-13 所示。

五、监控结果

通过在 S7-1200 客户机侧编程进行 S7 通讯，实现两个 CPU 之间数据交换，监控结果如图 18-14 所示。

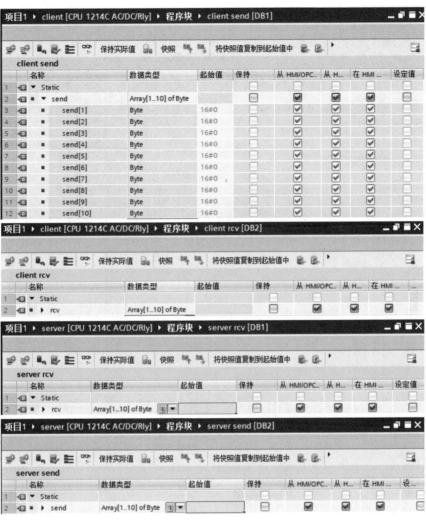

图 18-11　数据块

图 18-12　数据块属性-非优化的块访问

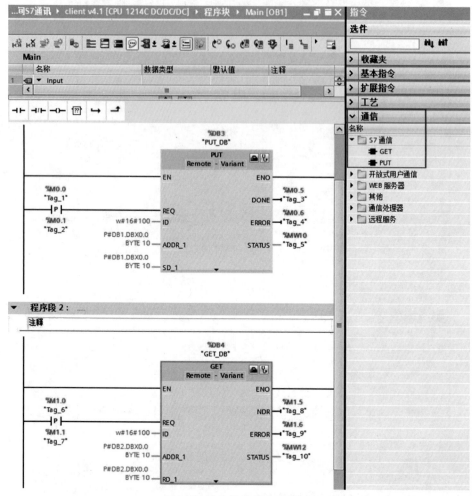

图 18-13　发送接收指令调用

图 18-14　监控结果

任务十九
S7-1200 之间的 Modbus 通信

 任务导入

S7 通信服务只能在相似的 SIMATIC 框架中使用，且只能进行少量的数据传输。

本任务，在两台 PLC 之间进行 Modbus TCP 通信，通过通信来实现两台 PLC 之间的数据交换。

知识学习

一、Modbus TCP 通信概述

MODBUS/TCP 是简单的、中立厂商的用于管理和控制自动化设备的 MODBUS 系列通信协议的派生产品，显而易见，它覆盖了使用 TCP/IP 协议的"Intranet"和"Internet"环境中 MODBUS 报文的用途。协议的最通用用途是为诸如 PLC、I/O 模块以及连接其他简单域总线或 I/O 模块的网关服务的。

MODBUS/TCP 使 MODBUS_RTU 协议运行于以太网，MODBUS TCP 使用 TCP/IP 和以太网在站点间传送 MODBUS 报文，MODBUS TCP 结合了以太网物理网络和网络标准 TCP/IP 以及以 MODBUS 作为应用协议标准的数据表示方法。MODBUS TCP 通信报文被封装于以太网 TCP/IP 数据包中。与传统的串口方式相比，MODBUS/TCP 插入一个标准的 MODBUS 报文到 TCP 报文中，不再带有数据校验和地址。

1. 通信所使用的以太网参考模型

Modbus TCP 传输过程中使用了 TCP/IP 以太网参考模型的 5 层。

第一层：物理层，提供设备物理接口，与市售介质/网络适配器相兼容；

第二层：数据链路层，格式化信号到源/目硬件址数据帧；

第三层：网络层，实现带有 32 位 IP 址 IP 报文包；

第四层：传输层，实现可靠性连接、传输、查错、重发、端口服务、传输调度；

第五层：应用层，Modbus 协议报文。

2. Modbus TCP 数据帧

Modbus TCP 信息帧结构如图 19-1 所示，它是在 TCP/IP 上使用一种专用文头识别 ADU，这种报文头被称为 MBAP 报文头。MBAP 报文头由四部分共 7 个字节组成，分别是：事物处理标

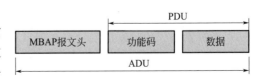

图 19-1　Modbus TCP 信息帧结构

识符（2 字节）、协议标识符（2 字节）、长度（2 字节）及单元标识符（1 字节）。

3. MODBUS TCP 的优点

① 用户可免费获得协议及样板程序；

② 网络实施价格低廉，可全部使用通用网络部件；

③ 易于集成不同的设备，几乎可以找到任何现场总线连接到 Modbus TCP 的网关；

④ 网络的传输能力强。

二、S7-1200 Modbus TCP 通信指令块

STEP7 V16 软件版本中的 Modbus TCP 库指令目前最新的版本已升至 V5.2，如图 19-2 所示。该版本的使用需要具备以下两个条件：

① 软件版本：STEP 7 V16；

② 固件版本：S7-1200 CPU 的固件版本 V4.1 及其以上。

Modbus TCP

通信实践

图 19-2　Modbus TCP V5.2 版本指令块

 任务实施

一、S7-1200 Modbus TCP 实验环境

下面以两台 S7-1200 之间进行 Modbus TCP 通信为例，详细阐述客户端与服务器侧如何编程及通信的过程。表 19-1、表 19-2 列出了具体的通信实验环境。

表 19-1　Modbus TCP 通信的实验环境

操作系统	WIN10 Windows 10 专业工作站版 20H2
编程软件	STEP 7 Professional V16 Update 3
系统硬件	CPU 1214C AC/DC/Rly　6ES7 214-1BG40-0XB0　V4.2

表 19-2　Modbus TCP 通信双方的基本配置

	CPU 类型	IP 地址	端口号	硬件标识符
客户端	CPU1214C	192.168.0.6	0	64
服务器	CPU1214C	192.168.0.4	502	64

硬件标识符是在"系统常数"中，双击 PROFINET 接口，然后在"属性"中的"硬件标识符"中查看，如图 19-3 所示。

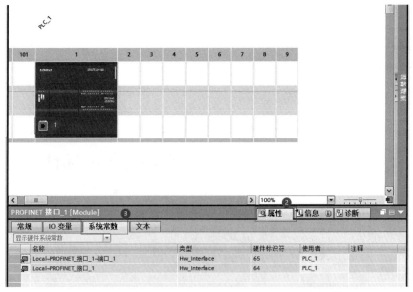

图 19-3　S7-1200 设备的 PROFINET 接口硬件标识符

二、S7-1200 Modbus TCP 服务器编程

"MB_SERVER"指令将处理 Modbus TCP 客户端的连接请求、接收并处理 Modbus 请求并发送响应。

1. 调用 MB_SERVER 指令块

在"程序块→OB1"中调用"MB_SERVER"指令块，然后会生成相应的背景 DB 块，点击确定，如图 19-4 所示。

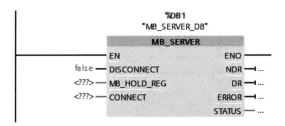

图 19-4　调用 MB_SERVER 指令块

该功能块的各个引脚定义说明如表 19-3。

表 19-3　MB_SERVER 各个引脚定义说明

DISCONNET	为 0 代表被动建立与客户端的通信连接 为 1 代表终止连接
MB_HOLD_REG	指向 Modbus 保持寄存器的指针

续表

CONNECT	指向连接描述结构的指针。TCON_IP_v4（S7-1200）
NDR	为 0 代表无数据；为 1 代表从 Modbus 客户端写入新的数据
DR	为 0 代表无读取的数据；为 1 代表从 Modbus 客户端读取的数据
ERROR	错误位：0：无错误；1：出现错误，错误原因查看 STATUS
STATUS	指令的详细状态信息

2. CONNECT 引脚的指针类型

第一步，先创建一个新的全局数据块 DB2，如图 19-5 所示。

图 19-5　创建全局数据块

第二步，双击打开新生成的 DB2 数据块，定义变量名称为"ss"，数据类型为"TCON_IP_v4"（可以将 TCON_IP_v4 拷贝到该对话框中），然后点击"回车"按键。该数据类型结构创建完毕。如图 19-6 所示。

数据块_1

	名称	数据类型	启动值
▼	Static		
■ ▼	ss	TCON_IP_v4	
■	InterfaceId	HW_ANY	16#0
■	ID	CONN_OUC	16#0
■	ConnectionType	Byte	16#0B
■	ActiveEstablished	Bool	false
■ ▼	RemoteAddress	IP_V4	
■ ▶	ADDR	Array[1..4] of Byte	
■	RemotePort	UInt	0
■	LocalPort	UInt	0

图 19-6　创建 MB_SERVER 中的 TCP 连接结构的数据类型

各个引脚定义说明如表 19-4 所示。

表 19-4 TCON_IP_v4 数据结构的引脚定义

InterfaceId	硬件标识符(设备组态中查询)
ID	连接 ID,取值范围 1～4095
Connection Type	连接类型。TCP 连接默认为:16#0B
ActiveEstablished	建立连接。主动为 1(客户端),被动为 0(服务器)
ADDR	服务器侧的 IP 地址
RemotePort	远程端口号
LocalPort	本地端口号

客户端侧的 IP 地址为 192.168.0.6,端口号为 0,所以 MB_SERVER 服务器侧该数据结构的各项值如图 19-7 所示。

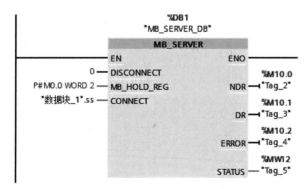

数据块_1			
	名称	数据类型	启动值
	▼ Static		
	■ ▼ ss	TCON_IP_v4	
	■ InterfaceId	HW_ANY	16#40
	■ ID	CONN_OUC	16#1
	■ ConnectionType	Byte	16#0B
	■ ActiveEstablished	Bool	0
	■ ▼ RemoteAddress	IP_V4	
	■ ▼ ADDR	Array[1..4] of Byte	
	■ ADDR[1]	Byte	16#C0
	■ ADDR[2]	Byte	16#A8
	■ ADDR[3]	Byte	16#0
	■ ADDR[4]	Byte	16#6
	■ RemotePort	UInt	0
	■ LocalPort	UInt	502

图 19-7 MB_SERVER 服务器侧的 CONNECT 数据结构定义

3. S7-1200 服务器侧 MB_SERVER 编程

调用 MB_SERVER 指令块,实现被客户端读取 2 个保持寄存器的值,如图 19-8 所示。

```
                    %DB1
                 "MB_SERVER_DB"
                  ┌─────────────────┐
                  │   MB_SERVER     │
                  │                 │
              ────┤ EN         ENO ├────
              0 ──┤ DISCONNECT      │      %M10.0
  P#M0.0 WORD 2 ──┤ MB_HOLD_REG NDR ├─┤ "Tag_2"
      "数据块_1".ss ──┤ CONNECT         │      %M10.1
                  │             DR ├─┤ "Tag_3"
                  │                 │      %M10.2
                  │          ERROR ├─┤ "Tag_4"
                  │                 │      %MW12
                  │         STATUS ├── "Tag_5"
                  └─────────────────┘
```

图 19-8 MB_SERVER 服务器侧编程

注意:MB_HOLD_REG 指定的数据缓冲区可以设为 DB 块或 M 存储区地址。DB 块可以为优化的数据块,也可以为标准的数据块结构。

三、S7-1200 Modbus TCP 客户端编程

S7-1200 客户端侧需要调用 MB_CLIENT 指令块,该指令块主要完成客户机和服务器的 TCP 连接、发送命令消息、接收响应以及控制服务器断开的工作任务。

1. 将 MB_CLIENT 指令块在"程序块→OB1"中的程序段里调用,点击确定即可。自动生成背景数据块 MB_CLIENT_DB。如图 19-9 所示。

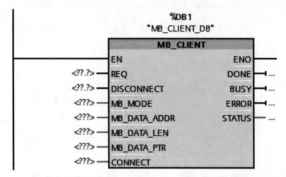

图 19-9 Modbus TCP 客户端侧指令块

该功能块各个引脚定义如表 19-5 所示。

表 19-5 MB_CLIENT 各引脚定义说明

引脚	说明
REQ	与服务器之间的通信请求,上升沿有效。
DISCONNECT	通过该参数,可以控制与 Modbus TCP 服务器建立和终止连接。0(默认):建立连接;1:断开连接
MB_MODE	选择 Modbus 请求模式(读取、写入或诊断)。0:读;1:写
MB_DATA_ADDR	由"MB_CLIENT"指令所访问数据的起始地址
MB_DATA_LEN	数据长度:数据访问的位或字的个数
MB_DATA_PTR	指向 Modbus 数据寄存器的指针
CONNECT	指向连接描述结构的指针。TCON_IP_v4(S7-1200)
DONE	最后一个作业成功完成,立即将输出参数 DONE 置位为"1"
BUSY	作业状态位:0:无正在处理的"MB_CLIENT"作业;1:"MB_CLIENT"作业正在处理
ERROR	错误位:0:无错误;1:出现错误,错误原因查看 STATUS
STATUS	指令的详细状态信息

2. CONNECT 引脚的指针类型

第一步,先创建一个新的全局数据块 DB2。

第二步,双击打开新生成的 DB 块,定义变量名称为"aa",数据类型为"TCON_IP_v4"(可以将 TCON_IP_v4 拷贝到该对话框中),然后点击"回车"按键。该数据类型结构

创建完毕。如图 19-10 所示。

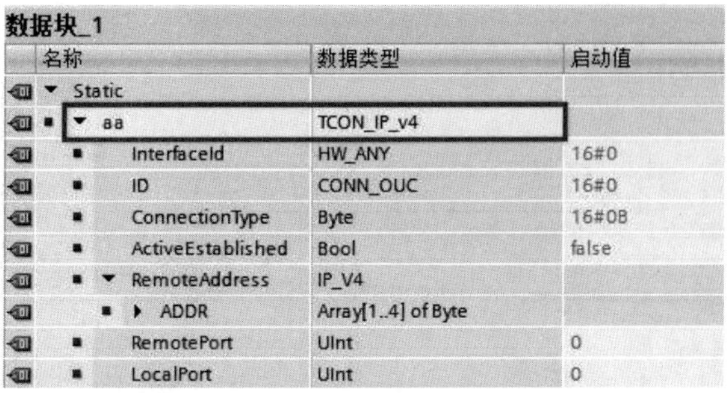

数据块_1

名称	数据类型	启动值
Static		
aa	TCON_IP_v4	
InterfaceId	HW_ANY	16#0
ID	CONN_OUC	16#0
ConnectionType	Byte	16#0B
ActiveEstablished	Bool	false
RemoteAddress	IP_V4	
ADDR	Array[1..4] of Byte	
RemotePort	UInt	0
LocalPort	UInt	0

图 19-10 创建 MB_CLIENT 中的 TCP 连接结构的数据类型

各个引脚定义说明如表 19-6 所示。

表 19-6 TCON_IP_v4 数据结构的引脚定义

引脚	说明
InterfaceId	硬件标识符
ID	连接 ID,取值范围 1～4095
Connection Type	连接类型。TCP 连接默认为:16＃0B
ActiveEstablished	建立连接。主动为 1(客户端),被动为 0(服务器)
ADDR	服务器侧的 IP 地址
RemotePort	远程端口号
LocalPort	本地端口号

本文远程服务器的 IP 地址为 192.168.0.4，远程端口号设为 502。所以客户端侧该数据结构的各项值如图 19-11 所示。

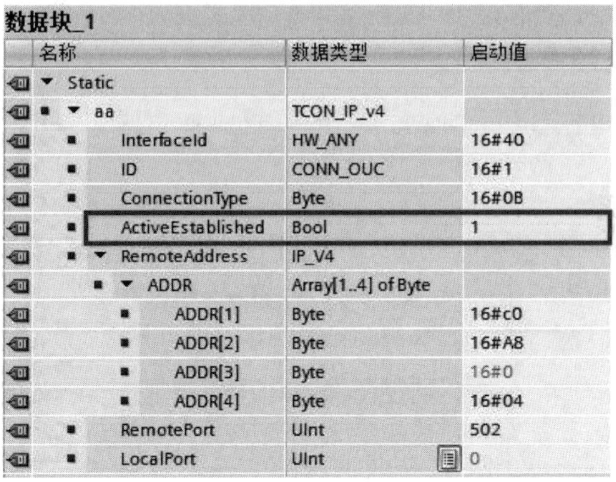

数据块_1

名称	数据类型	启动值
Static		
aa	TCON_IP_v4	
InterfaceId	HW_ANY	16#40
ID	CONN_OUC	16#1
ConnectionType	Byte	16#0B
ActiveEstablished	Bool	1
RemoteAddress	IP_V4	
ADDR	Array[1..4] of Byte	
ADDR[1]	Byte	16#c0
ADDR[2]	Byte	16#A8
ADDR[3]	Byte	16#0
ADDR[4]	Byte	16#04
RemotePort	UInt	502
LocalPort	UInt	0

图 19-11 MB_CLIENT 侧 CONNECT 引脚数据定义

注意：CONNECT 引脚的填写需要用符号寻址的方式。

3. 创建 MB_DATA_PTR 数据缓冲区

第一步，创建一个全局数据块 DB3。

第二步，新建一个数组的数据类型，以便通信中存放数据，请参考图 19-12 所示。

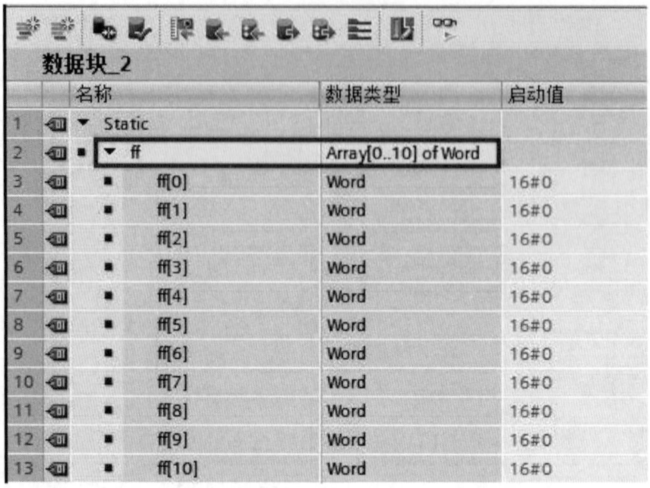

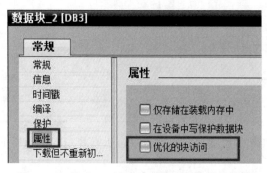

图 19-12　MB_DATA_PTR 数据缓冲区结构

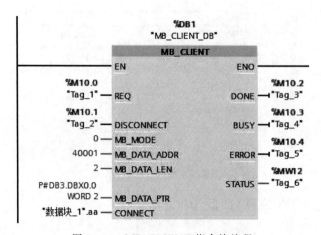

图 19-13　修改 DB 块属性为标准的数据块结构

注意：MB_DATA_PTR 指定的数据缓冲区可以为 DB 块或 M 存储区地址中。DB 块可以为优化的数据块，也可以为标准的数据块结构。若为优化的数据块结构，编程时需要以符号寻址的方式填写该引脚；若为标准的数据块结构（可以右键单击 DB 块，"属性"中将"优化的块访问"前面的钩去掉，如图 19-13 所示），需要以绝对地址的方式填写该引脚。本文以标准的数据块（默认）为例进行编程。

4. 客户端侧完成指令块编程

调用 MB_CLIENT 指令块，实现从 Modbus TCP 通信服务器中读取 2 个保持寄存器的值，如图 19-14 所示。

图 19-14　MB_CLIENT 指令块编程

5. 将整个项目下载到 S7-1200

待 Modbus TCP 服务器侧准备就绪，给 MB_CLIENT 指令块的 REQ 引脚一个上升沿，将读取到的数据放入 MB_DATA_PTR 引脚指定的 DB 块中。具体的实验结果可以查看 S7-1200 服务器侧编程。

任务二十
S7-1200 之间的 Profinet 通信

 任务导入

Modbus TCP 网络的传输能力很强，但是速度低。

PROFINET 是开放的、标准的、实时的工业以太网标准。PROFINET 作为基于以太网的自动化标准，它定义了跨厂商的通信、自动化系统和工程组态模式。

本任务，在两台 PLC 之间进行 Profibus 通信，通过通信来实现两台 PLC 之间的数据交换。

 知识学习

一、PROFINET 通信概述

PROFINET 借助 PROFINET IO 实现一种允许所有站随时访问网络的交换技术。作为 PROFINET 的一部分，PROFINET IO 是用于实现模块化、分布式应用的通信概念。这样，通过多个节点的并行数据传输可更有效地使用网络。PROFINET IO 以交换式以太网全双工操作和 100Mbit/s 带宽为基础。

PROFINET IO 基于 20 年来 PROFIBUS DP 的成功应用经验，并将常用的用户操作与以太网技术中的新概念相结合。这可确保 PROFIBUS DP 向 PROFINET 环境的平滑移植。

PROFINET 的目标是：

① 基于工业以太网建立开放式自动化以太网标准；尽管工业以太网和标准以太网组件可以一起使用，但工业以太网设备更加稳定可靠，因此，更适合于工业环境（温度、抗干扰等）。

② 使用 TCP/IP 和 IT 标准。

③ 实现有实时要求的自动化应用。

④ 全集成现场总线系统。

在做 Profinet IO 通信时，最常见到的两种角色是 Control 和 Device，又称为 IO 控制器和 IO 设备。IO 控制器是一个控制设备，连接一个或多个 IO 设备（现场设备），常见的 IO 控制器就是 PLC，如 S7-300、S7-1500 可编程控制器。IO 设备是一个现场设备，常见的 IO 设备就是分布式 IO，如 ET200MP PN 设备等。

二、智能设备功能概述

I-DEVICE 又叫做智能设备或智能 IO 设备，其本身是上层 IO 控制器的 IO 设备，又作为下层 IO 设备的 IO 控制器。

一个 PN 智能设备功能不但可以作为一个 CPU 处理生产工艺的某一过程，而且可以和 IO 控制器之间交换过程数据，因此，智能设备作为一个 IO 设备连接一个上层 IO 控制器，智能设备的 CPU 通过自身的程序处理某段工艺过程，相应的过程值发送至上层的 IO 控制器再做相关的处理。

CPU 的 "I-Device"（智能设备）功能简化了与 IO 控制器的数据交换和 CPU 操作过程（如用作子过程的智能预处理单元）。智能设备可作为 IO 设备连接到上位 IO 控制器中，预处理过程则由智能设备中的用户程序完成。集中式或分布式（PROFINET IO 或 PROFI-BUS DP）I/O 中采集的处理器值由用户程序进行预处理，并提供给 IO 控制器。如图 20-1 所示。

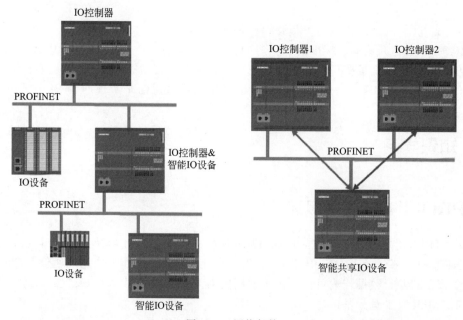

图 20-1 网络架构

智能设备的应用领域：
分布式处理

可以将复杂自动化任务划分为较小的单元或子过程，这样简化了子任务的同时也优化了项目管理。

单独的子过程

通过使用智能设备，可以将分布广泛的大量复杂过程划分为具有可管理的多个子过程。必要的话，这些子过程可存储在单个的 TIA 项目中，这些项目随后可合并在一起形成一个主项目。

专有技术保护

智能设备接口描述使用 GSD 文件传输，而不是通过 STEP 7 项目传输，这样用户程序的专有技术得以保护。

　　智能设备的优势：

　　① 简单连接 IO 控制器。

　　② 实现 IO 控制器之间的实时通信。

　　③ 通过将计算容量分发到智能设备，可减轻 IO 控制器的负荷。

　　④ 由于在局部处理过程数据，从而降低了通信负载。

　　⑤ 可以管理单独 TIA 项目中子任务的处理。

　　⑥ 智能设备可以作为共享设备。

Profinet 通信实践

三、S7-1200 PROFINET 与 IO device 通信

　　PROFINET IO 设备指分配给一个或多个 IO 控制器的分布式现场设备（例如，远程 IO、阀岛、变频器和交换机等）。PROFINET IO 控制器对连接的 IO 设备进行寻址，与现场设备交换输入和输出信号。

1. 打开 TIA 博途 STEP 7 软件并新建项目

　　在 TIA 博途 STEP 7 软件的"项目视图"中点击"创建新项目"创建一个新项目。

2. S7-1200 硬件组态及参数分配

　　在硬件列表中选择对应的订货号，如图 20-2 所示。

图 20-2　添加 S7-1200 CPU

　　在设备视图中显示出 S7-1200 的组态画面，如图 20-3 所示。

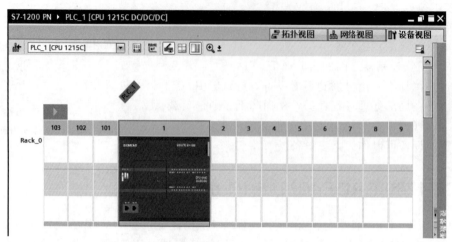

图 20-3　S7-1200 设备视图

接着需要给 S7-1200 CPU 设置 IP 地址，通过在设置视图中点击 S7-1200 的以太网口＞"属性"＞"常规"＞"以太网地址"设置，如图 20-4 所示。

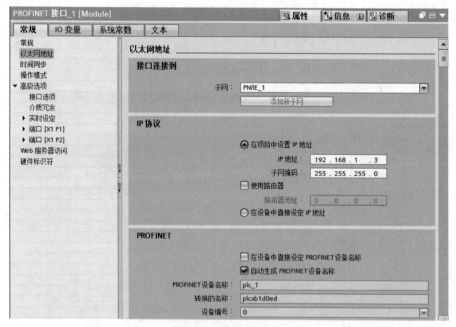

图 20-4　设置 IP 地址

进入网络视图，在硬件目录中选择 IM155-6PN HF（6ES7155-6AU00-0CN0）并插入，如图 20-5 所示。

然后双击 IM155-6PN HF 进入设备视图进行硬件组态，为 IM155-6PN HF 添加 IO 模块，如图 20-6 所示。

需要注意底座颜色（浅色为使用新的电位组，深色为使用左侧模块的电位组），以及 IO 模块的版本。

回到设备视图，点击 IM155-6PN HF 模块的图标，然后在"属性"＞"常规"＞"项目信息"中定义该接口模块的名称"ET200SP HF"，如图 20-7 所示。

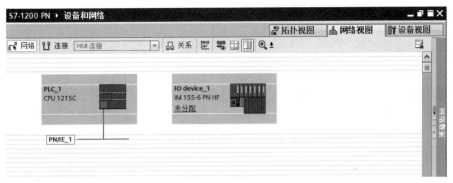

图 20-5 添加 IM155-6PN HF

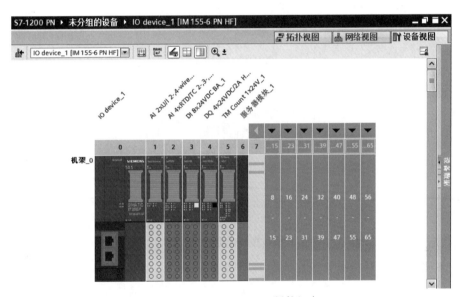

图 20-6 IM155-6PN HF 硬件组态

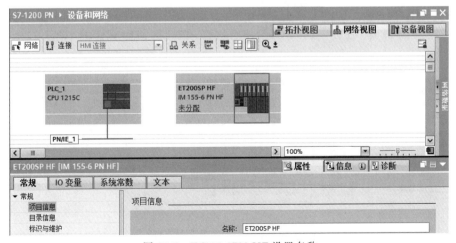

图 20-7 IM155-6PN HF 设置名称

设置名称后，需要给 IM155-6PN HF 设置 IP 地址，在网络视图中点击 IM155-6PN HF

以太网口，然后在"属性">"常规">"以太网地址"中设置 IP 地址"192.168.1.11"，如图 20-8 所示。

并且从图 20-8 中可知该 IM155-6PN HF 的设备名称和项目信息中的名称相同，只是大写字母换成了小写字母"et200sp hf"。

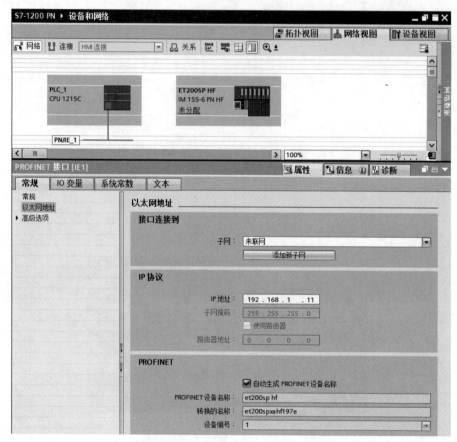

图 20-8　设置 IM155-6PN HF IP 地址

在网络视图中左键点击 IM155-6PN HF 的"未分配"图标，在弹出框中选择该 IO 设备的控制器，文档中选择"PLC_1.PROFINET 接口_1"，即前面新建的 CPU S7-1215C，如图 20-9 所示。

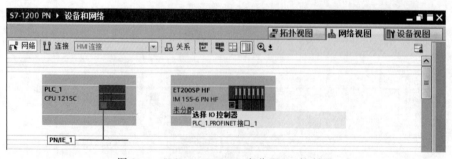

图 20-9　IM155-6PN HF 未分配 IO 控制器

这样在 IM155-6PN HF 的地址总览中可以看到 IM155-6PN HF 所占用的 S7-1200 I/O

区域以及网络结构，如图 20-10 所示。

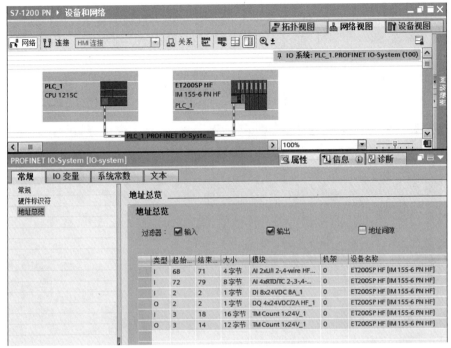

图 20-10　IM155-6PN HF IO 区域及网络结构

　　右键点击 PROFINET 网络给 IM155-6PN HF 分配设备名称，如图 20-11 所示。

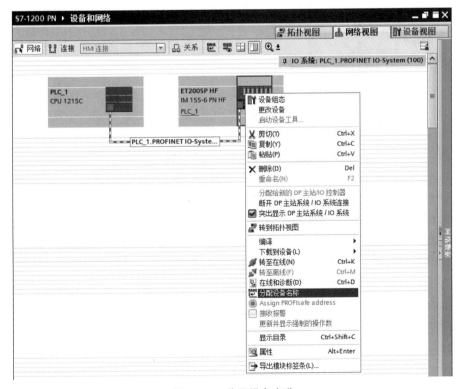

图 20-11　分配设备名称

在弹出页面"分配 PROFINET 设备名称"中，点击"更新列表"按钮，搜索 ET200SP。

如果此时搜索到的网络节点包含多个 ET200SP，则可以通过检查 MAC 地址的方式确定此刻需要分配设备名称的 ET200SP。ET200SP 网口的 MAC 地址位于接口模块 24V 电源正上方。

如果此时待分配设备名称的 ET200SP 状态显示"设备名称不同"，则此时组态的离线设备名称（"et200sp hf"）与在线设备名称不同（"im155-6"），如图 20-12 所示。

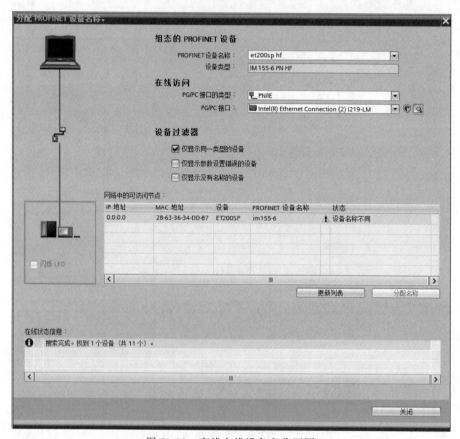

图 20-12　离线在线设备名称不同

如果此时待分配设备名称的 ET200SP 状态显示"确定"，则此时组态的离线设备名称与在线设备名称相同，可以跳过该模块的设备名称分配（即跳过图 20-13）。

如果离线设备名称与在线设备名称不同，则左键选中该节点，点击"分配名称"按钮，几秒钟后，该网络节点 ET200SP 的在线设备名称变为"et200sp hf"，与组态的离线设备名称相同，状态变为"确定"，此时完成一个 IO 设备的设备名称分配，如图 20-13 所示。

 任务实施

一、S7-1200 CPU 之间通信的实验环境

以两台 S7-1200 之间进行 Profinet 通信为例，详细阐述客户端与服务器侧如何编程及通

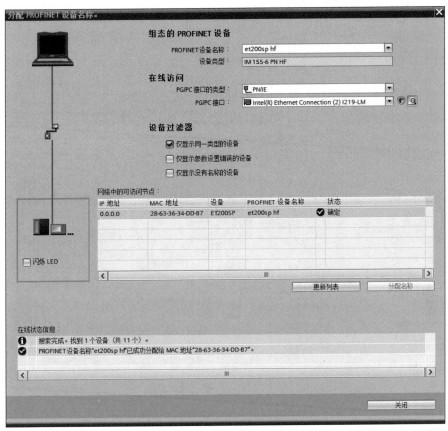

图 20-13 离线在线设备名称相同

信的过程。表 20-1、表 20-2 列出了具体的通信实验环境。

表 20-1 Modbus TCP 通信的实验环境

操作系统	WIN10Windows 10 专业工作站版 20H2
编程软件	STEP 7 Professional V16 Update 3
系统硬件	CPU 1214C AC/DC/Rly 6ES7 214-1BG40-0XB0 V4.2

表 20-2 Modbus TCP 通信双方的基本配置

	CPU 类型	IP 地址	子网掩码
IO 控制器	CPU1214C	192.168.0.1	255.255.255.0
智能 IO	CPU1214C	192.168.0.2	255.255.255.0

二、S7-1200 智能设备在相同项目下组态

STEP 1：创建 TIA Portal 项目并进行接口参数配置

使用 TIA V16 创建一个新项目，进入网络视图添加表 20-1 列出的设备，并进入各个设备以太网地址选项分别设置子网、IP 地址以及设备名称。

STEP 2：操作模式配置

本例 PLC1 作为智能 IO 设备，需要将其操作模式改为 IO 设备，并且分配给对应 IO 控

制器，配置所需的传输区如图 20-14 所示。

选择"PN 接口的参数由上位 IO 控制器进行分配"复选框，可指定是由智能设备本身还是由上位 IO 控制器设置接口和端口。

智能 IO 设备还支持优先启动，勾选后加快 IO 设备的启动速度，详情请了解优先启动相关功能。

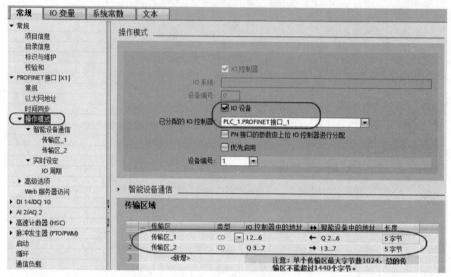

图 20-14　操作模式

进入传输区视图（图 20-15）还可以分配地址区所属组织块及过程映像。

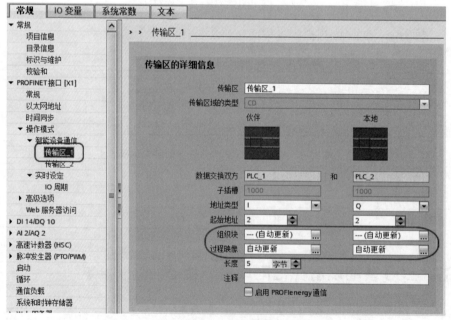

图 20-15　传输区

参 考 文 献

［1］ 陈建明.电气控制与 PLC 应用［M］.3 版.北京：电子工业出版社，2014.

［2］ 廖常初.PLC 编程及应用［M］.4 版.北京：机械工业出版社，2014.

［3］ 张伟林，李海霞.电气控制与 PLC 综合应用技术［M］.2 版.北京：人民邮电出版社，2015.

［4］ 廖常初.S7-300/400 PLC 应用技术［M］.4 版.北京：机械工业出版社，2016.

［5］ 廖常初.S7-1200 PLC 编程及应用［M］：3 版.北京：机械工业出版社，2017.

［6］ 廖常初.S7-1200 PLC 应用教程［M］.北京：机械工业出版社，2017.